中等职业学校中餐烹饪专业教材

筵席设计与制作
（第二版）

YANXI SHEJI YU ZHIZUO
（DI ER BAN）

张 涛 吴 晶 ◎ 主编

中国轻工业出版社

图书在版编目（CIP）数据

筵席设计与制作/张涛，吴晶主编. —2版. —北京：中国轻工业出版社，2021.8

中等职业学校中餐烹饪专业教材

ISBN 978-7-5184-3378-0

Ⅰ.①筵… Ⅱ.①张…②吴… Ⅲ.①宴会—设计—中等专业学校—教材 ②烹饪—方法—中等专业学校—教材 Ⅳ.① TS972.32 ② TS972.1

中国版本图书馆CIP数据核字（2021）第020738号

责任编辑：史祖福　贺晓琴　　责任终审：劳国强　　整体设计：锋尚设计
策划编辑：史祖福　　　　　　责任校对：朱燕春　　责任监印：张　可

出版发行：中国轻工业出版社（北京东长安街6号，邮编：100740）

印　　刷：三河市国英印务有限公司

经　　销：各地新华书店

版　　次：2021年8月第2版第1次印刷

开　　本：787×1092　1/16　印张：10

字　　数：224千字

书　　号：ISBN 978-7-5184-3378-0　定价：36.00元

邮购电话：010-65241695

发行电话：010-85119835　传真：85113293

网　　址：http://www.chlip.com.cn

Email：club@chlip.com.cn

如发现图书残缺请与我社邮购联系调换

200205J3X201ZBW

本书编委会

主　编　张　涛（江苏省徐州技师学院）
　　　　　吴　晶（无锡旅游商贸高等职业技术学校）

副主编　黄瑞皎（江苏省徐州技师学院）
　　　　　钱　雷（江苏省邳州中等专业学校）
　　　　　向　军（张家界市高级技工学校）

参　编　钱　峰（江苏省徐州技师学院）
　　　　　张婕妤（南京浦口中等专业学校）
　　　　　曹成章（山东省城市服务技师学院）
　　　　　桑宇平（苏州市太湖旅游中等专业学校）
　　　　　任昌娟（江苏省滨海中等专业学校）
　　　　　左武举（江苏省滨海中等专业学校）

PREFACE 前言

随着我国社会经济的发展和人民生活水平的提高，餐饮行业已成为人们生活中不可缺少的组成部分，对人们日常生活的影响越来越大，得到了空前的快速发展。同时，国家对职业教育越来越重视，在中国共产党第十九次全国代表大会的报告中，职业教育被提上了更高的高度，是推动我国经济发展的重要力量。这对中等职业教育的发展是新的机遇和挑战，国家高度重视职业教育的发展，为职业教育提供了更广大的政策支持和保障，这对中等职业教育的发展具有极其重要的意义。

随着社会的发展，餐饮行业的队伍在迅速壮大，数以千万计的餐饮企业需要越来越多的技术人才，烹饪专业的人才需求已出现供不应求的局面。因此，烹饪专业人才培养的市场越来越大，而中职烹饪专业的人才培养在从事餐饮行业的人员中，占到一半以上。随着人们对饮食需要的要求越来越高，新技术、新原料、新理念不断出现，中等职业教育也在提高教学质量、改进教学方法等方面，不断推进教学改革，尽快地为社会培养更多更好的烹饪人才。

本教材自2013年出版以来，深受职业院校烹饪专业的欢迎。为了更好地适应社会的发展和烹饪专业教学改革的需要，我们组织相关人员进行了修订编写。

本次修订紧贴中等职业教育实际，在修订过程中，根据中等职业教育实际和本专业实际操作的需要，做到基础为上，逐步提高，重点突出，层次分明，从而提高学生对筵席知识的认识和掌握，提高筵席设计和制作的水平。本教材注重理论和实践相结合，着重教材的实用性和适应性，同时也以烹饪现代发展的需要为重点，结合新工艺、新理念、新形式，本着实用为主、够用为度的原则，为学生的就业和实际操作打下良好的基础。

本教材由江苏省徐州技师学院张涛、无锡旅游商贸高等职业技术学校吴晶担任主编，江苏省徐州技师学院黄瑞皎、江苏省邳州中等专业学校钱雷、张家界市高级技工学校向军担任副主编。参编人员有江苏省徐州技师学院钱峰，南京浦口中等专业学校张婕好，山东省城市服务技师学院曹成章，苏州市太湖旅游中等专业学校桑宇平，江苏省滨海中等专业学校任昌娟，江苏省滨海中等专业学校左武举。全书由钱峰统稿。

本教材在编写过程中，得到了江苏省徐州技师学院、邳州中等专业学校相关领导的大力支持，在此表示衷心的感谢。

由于编者时间仓促、水平有限，缺点遗漏和缺陷在所难免，书中如有不妥之处，恳请专家、同行及广大读者批评指正。

编　者

2021年1月

CONTENTS 目录

项目 1 筵席的基本知识

任务 1　筵席的起源与发展 / 2
任务 2　筵席的特点与作用 / 5
任务 3　筵席的分类和种类 / 9
任务 4　筵席的基本要求 / 13
任务 5　我国筵席现状和发展策略 / 15

项目 2 筵席的菜单

任务 1　筵席菜单的概念和种类 / 23
任务 2　筵席菜单的内容和作用 / 25
任务 3　筵席菜单的设计原则和注意事项 / 28

项目 3 筵席的设计与开发

任务 1　筵席的内容设计 / 39
任务 2　筵席菜点的设计 / 42
任务 3　筵席原料的设计 / 52
任务 4　筵席的风格设计 / 56
任务 5　筵席的成本设计 / 58
任务 6　主题筵席的设计 / 61

项目 4 筵席的制作和开发

任务 1　筵席制作的人员要求 / 68
任务 2　筵席的开发 / 73

项目 5 筵席的组织和质量控制

任务 1　筵席的组织准备 / 79
任务 2　筵席制作过程的质量控制 / 82

项目 6 筵席设计制作过程的安全卫生

任务 1　筵席食品安全卫生要求和现状 / 86

任务 2　筵席的食品安全卫生要求 / 91

项目 7 筵席服务

任务 1　筵席服务的内容 / 95

任务 2　筵席中的摆台 / 102

任务 3　餐巾折花基本技能 / 107

项目 8 中国古今名宴欣赏

任务　中国古今名宴欣赏 / 113

项目 9 筵席菜单实例

任务 1　国宴菜单实例 / 134

任务 2　婚宴菜单实例 / 136

任务 3　生日宴菜单实例 / 140

任务 4　商务宴菜单实例 / 143

任务 5　中国地方风味筵席菜单实例 / 146

参考文献 / 150

项目 1
筵席的基本知识

◎ **学习目标**

本项目重点了解筵席的起源和发展;掌握筵席的特点和作用,筵席的分类和种类;了解目前我国筵席的状况及发展策略等。

◎ **学习重点**

1. 筵席的概念及作用
2. 筵席的分类
3. 目前我国筵席状况及发展策略

任务 1　筵席的起源与发展

◎ **任务驱动**
1. 筵席的概念
2. 筵席在不同历史时期的发展状况

◎ **知识链接**

筵席，泛称酒席，通常也称"宴席"，又称燕会、筵宴、酒会，是社交与饮食结合的一种形式。人们通过筵席，不仅获得饮食艺术的享受，而且可以增进人际间的交往。筵席上的一整套菜肴席面称为筵席，由于筵席是宴会的核心，因而人们习惯上常将这两个词视为同义词。

古代人吃饭时席地而坐，铺在下面的大席称为"筵"，坐着的小席称为"席"，筵席就是在这个意义上沿用下来的。筵席包括酒菜的配置、上菜的方法、摆设以及服务、环境、礼节礼仪等。一套精心设计的筵席，对原料的选用，菜点色、香、味、形的组合，餐具饮器的配置，烹调及加工技法的运用，菜肴、羹汤、点心的排列，肴馔总体风味特色的表现，都要经过周密的计划。它是不同时期、不同地区的烹调技术水平和烹饪艺术水平以及社会经济和文明程度的综合反映。

一、筵席的起源

从字义上来看，"筵席"原本指的是两种卧具。"筵"与"席"本位同属，区别仅在于用料的粗细、规格的大小以及铺设的上下不同而已。古时，没有桌椅，进餐时，大家都是坐在筵席上，食物自然也放在筵席之间，所以"筵席"二字自然就同饮食建立了必然的联系。

中国筵席萌芽于 4000 多年前的虞舜时代，其历史悠久，春秋战国时期已初具规模，随着时代的推移和变化，筵席的内容也在不断地规范和发展壮大，从而形成了现代的筵席情景。《诗经》记载："宾之初筵，左右秩秩，笾豆有楚，殽核维旅。酒既和旨，饮酒孔偕，钟鼓既设，举酬逸逸。"

"筵席"是由"筵"和"席"组成，《周礼》记载："设筵之法，先设者皆言筵，后加者曰席"。古人聚食，席地而坐，底下铺有粗草编制的"筵"，"筵席"上加铺细草编织的"席"，当时也称席位。一般而言，筵大席小，筵长席短，筵粗席细，筵铺地上，席设筵上。宾主尽享置于席上的食物，这就是最原始的筵席形式。这种形式的坐席之法，是双腿屈膝跪于席，臀部坐于双脚之上。打盘腿而坐的"胡坐"则是后来引进的外来坐法。设筵待客，客既跪坐，敬食奉肴的女主人也采取"跪进"的方式，"席地而坐"一词便由此而来。

席地而坐，适用于当时所有的进餐和筵席形式。从天子到庶人的日常饮食都无一例外。而等级的差别主要体现在铺席层次的多少上。这种筵席方式一直持续到南北朝时期，唐朝民间还多沿用这种形式，直至今日，我国有些地方还保留这种习俗。日本、朝鲜等铺席跪坐方式也是在唐朝传去而沿袭至今。

"筵席"的形成，源于古代的祭祀，《周礼》记载："天神称祀，地祇称祭，宗庙称享"。《孝经》也记有"祭者，际也，人神相接，故曰际也；祀者，似也，谓祀者似将见先人也"，说明古代先人为了达到安居乐业、五谷丰登、身体健康等心理愿望，从而产生了祭祀活动，通过敬神祭祖，达到使神和先人保佑活着的人的愿望。既然有祭祀，也就随之产生了祭祀的祭品和礼器。祭祀完毕后，大家席地而坐，分享祭品，于是祭品转化为菜品，礼器转化为餐器。由于祭祀的目的和规模不同，这种被大家分享的菜品和礼器的质量和数量也不一样，这就是筵席的雏形。

除去祭祀，古代的礼俗也促进了筵席的形成。古代的礼俗表现在方方面面，从国事礼仪到民间各种礼节，渗透到社会的各个环节，"宾礼""冠礼""婚礼""寿礼""丧礼"等。在通常情况下，行礼、奏乐、摆宴，如果没有丰盛的肴馔来招待来宾，便是对宾客的不恭。因此，礼俗也促进了筵席的形成和发展。

二、筵席的发展

经过历朝历代的发展，筵席的内容、规模及相关饮食也得到了发展。由于经济发展不平衡，筵席在不同时期发展的特点也不一样。

1. 夏商周时期

这一时期，由于祭祀等礼俗，筵席已经形成，这时期敬老之风尤甚，出现了敬老宴和"飨礼"。"飨"就是设置美味佳肴，盛礼迎接宾客，相聚宴饮。殷商时期，纣王当政，以酒为池、悬肉为林为长夜之饮。由此可见，当时贵族的宴饮生活已相当奢侈。周代时，宴饮的规格、等级较之前更加正规。如宴饮制度中的列案制度，进食者身份尊贵或年长者，可以凭食几而食，年少者要站着伺候，站着进食；天子、士大夫用膳，其菜品数量和等级也不尽相同；同时还设立了献食制度，吃一味、献一味，一味食毕，再献一味；接待程序也有了相应的发展，从邀请到接待，再到结束送客，都有一定的讲究。

2. 春秋战国时期

这一时期，筵席有所发展，限制已不那么严格，筵席席面的设计有所突破，筵席的菜品组合比较适当，筵席的器具典雅精美，并流行筑台宴乐的风气，且宴乐发展尤甚，各种礼俗突出，筵席的规模和档次较之前有所提高。

3. 秦汉时期

秦朝，饮食市场繁荣，各种宴饮活动都比较隆重。汉朝废除秦朝礼仪之法，崇尚简易，但也制定了一套严格的礼仪制度，民间宴饮也有约定俗成的规定，甚至筵席菜肴的摆放也有一定的规矩。《礼记》记载："凡进食之礼，左殽，右胾，食居人之左，羹居人之右。脍炙处外，醯酱处内，葱渫处末，酒、浆处右。"同时，饮酒还要行酒令，器具也由厚重趋向轻薄，多以漆器为主，席间有侍者斟酒布菜，有乐伎表演歌舞，人们由跪坐转入到桌凳，筵席的概念出现了新内容。

4. 魏晋南北朝时期

魏晋时期，文酒之风兴盛，文人聚会讲究雅境、雅情、雅菜、雅趣，这一现象对后世影响较大。到了南北朝时期，就餐环境、卫生条件、菜品数量、盛装器皿等都出现了变化，筵席趋向雅致，且名目繁多，针对不同目的的筵席，特色分明，种类多样化。这一时期，由于佛教的传入，出现了早期的素席，增添了中国筵席的种类。

5. 隋唐时期

隋唐时期，特别是唐朝，国富民强，经济发展迅速，对外交流频繁，筵席的发展也进入了一个新的阶段，从《韩熙载夜宴图》可以看出当时筵席的规模和档次。这一时期，出现了高桌和椅子，餐具也出现了细瓷，讲究高雅情调的各种形式的宴饮，借景赏景，饮酒赋诗，场面生动有趣，讲究情感愉悦、心理舒适；同时筵席的规模及使用的原料、烹饪工艺也日益讲究，乡土风味筵席层出不穷，并且实行了一人一桌一椅的分食制，烧尾宴、曲江宴堪称这一时期的经典代表。

6. 宋金元时期

宋朝，饮食市场繁荣，从宫廷到民间，名宴众多，筵席菜肴丰富，《武林旧事》记载：清河郡王张俊在家中宴请宋高宗赵构的"御宴"，菜肴共计250件，可见其豪华奢侈。这一时期还出现了专管民间吉庆筵席的"四司六局"，承担筵席的一切事宜，促进了筵席制作的发展。到了元朝，筵席菜品融入了大量的蒙古风味菜肴，牛羊肉居多，技法上也以烧烤居多。

7. 明清时期

明清时期，筵席日趋成熟，发展到了鼎盛时期。明朝，筵席名目繁多，形式多样，既有大型宴会，也有小型筵席，筵席的场面奢侈豪华，且讲究礼仪和气氛，音乐、舞蹈、戏曲、杂耍、弹唱均在筵席中有所体现。到了清朝，筵席得到了更大发展，各式全席脱颖而出，制作工艺精美细致、烹饪原料无所不包、筵席气势雄伟宏大，以满汉全席、全羊席为代表，其他还有如全凤席、全虎席、全鱼席、全素席等。这一时期，西餐进入中国筵席。

8. 近现代时期

民国时期战争频繁，筵席的发展"由繁趋简"，宫廷菜流传民间，市肆出现了仿膳菜、官府菜等。1949年后，由于当时经济不发达，筵席的发展也一度受阻。改革开放以后，筵席的发展进入一个新的阶段，特别是高等学府、科研机构、学术团体的研究，以及各种大赛的举办、烹饪人才的大批培养，丰富了饮食内容，提高了筵席质量，筵席也得到了健康发展。

任务 2　筵席的特点与作用

◎ 任务驱动

1. 筵席的特点
2. 筵席在社会中的作用

◎ 知识链接

筵席是多人聚餐的一种形式，它是社会交往的需要，是按一定的规格和礼仪精心编排的一整套酒水、菜点、服务等内容的组合。这些组合的品种，因筵席的档次和种类不同，其质量和数量都有严格的要求。筵席从形式上看，是多人聚餐的一种方式；从内容上看，是酒水、菜点的组合；从目的上看，带有鲜明的目的性；从作用上看，是社会交往的需要；从礼仪上看，是社会文明的体现；从意义上看，是社会进步的体现。它不仅荟萃了各种名菜，而且继承发展了"礼"的套数。总之，筵席已成为社会盛会中不可缺少的一个方面。

一、筵席的特点

1. 筵席是人们聚与餐的有机结合

"聚"是人们不可缺少的一项社交活动，"餐"是人们生活中不可缺少的物质条件，而筵席是这种"聚"和"餐"的有机结合。在"聚"的同时，采用"餐"的形式；在"餐"的同时，进行正常的交流活动。这说明筵席是社会交往的一种活动，是人们交往和交流的需要，既有随意性，也有严肃性。

2. 筵席具有一定的规格和礼仪

不同的筵席，由于其规模和档次的不同，内容也不同。规格越高的筵席，其内容也越丰富，酒水的配置、菜点的组合、服务的质量也就越高。上至国宴，下至便餐，其规格和礼仪的要求不尽相同，古语"无礼不成席"，说明了礼仪、礼节在筵席中的重要性。因此了解和掌握筵席的规格和礼仪是筵席中非常重要的环节，特别是从事餐饮行业的人员，一定要掌握好相关知识。

3. 筵席具有一定的目的性

不同的筵席，其目的不同，有的是迎来送往，有的是婚丧嫁娶，有的是乔迁高升，有的是庆祝庆典等。大家聚在一起，具有鲜明的目的性。这种目的性，都带有一定的主题，因此筵席的内容要与主题相符合，要突出主题，如婚宴要突出喜庆，丧宴要突出悲伤，不能混淆，否则会适得其反。

4. 筵席具有一定的社交性

筵席能拉动人与人之间的感情交流。通过筵席，人们不仅达到生理上的满足，还要达到精神上的享受。这种精神上的享受不仅来源于筵席的环境和内容，更重要的是来自人与人之间的情感交流。通过筵席，能加深人们之间的相互了解，增进友谊和团结，保持一种良好的人际关系。

二、筵席的作用

1. 筵席的内容体现社会经济发展水平

筵席的内容，是社会经济发展水平的集中体现。从筵席内容中酒水的配置、菜点的组合、原料的选用以及服务的特色等，可以反映社会经济的发展程度，经济越发达，筵席的内容越丰富。经济是物质的基础，经济发展了，人们的生活水平提高了，筵席的内容也就随之丰富了。

2. 筵席的礼仪、礼节体现社会文明的发展程度

社会的文明程度，在筵席中也有体现。礼节礼仪存在于筵席的各个环节，"无礼不成席"自古有之，是社会进步的体现。筵席中的礼仪、礼节，集中体现了社会文明的发展，体现了人们在社会生活中的文明素质及文化修养。

3. 筵席的目的体现社会活动的丰富多彩

不同主题、不同规格、不同形式的筵席，其表达的目的不同，但通过筵席这一方式表现出来，体现了筵席在社会生活中的重要性，也说明了筵席是为了达到某种目的而进行的一种活动。筵席的多种形式，说明了社会活动的丰富多彩；同时，丰富多彩的社会活动，也推动

了筵席的多样性。

4. 筵席的社交性体现社会交往的需要

筵席是社会交往的重要物质条件，是人们社会交往的媒介。随着国家与国家之间、企业与企业之间以及社会各阶层之间人们往来的频繁，人们通过筵席相互认识、相互了解，增进了团结，增进了友谊，增进了社会和谐。

5. 筵席的风格体现饮食风貌和风土人情

筵席的原料选用、菜点搭配、服务方式等都具有一定的地方特色，不同区域的筵席风格由于饮食习惯、风土人情、物产特点、宗教信仰等的不同而不同。因此，通过筵席的风格，能体验到一个地区的饮食风貌。

三、学习筵席设计与制作的意义

筵席设计与制作是一门应用学科，是理论和实践有机结合的产物，其主要意义在于以下几个方面。

1. 有助于设计者和制作者树立科学的设计观

筵席设计先于筵席制作，直接关系到筵席的效果，因此，筵席的设计至关重要。设计人员要有丰富的专业知识，要增强责任感，提高自我意识，认识到筵席设计的重要性，树立科学的设计观，自觉抵制不科学、不健康、不文明的筵席糟粕，要有科学的创新意识，让科学的要求体现在具体的筵席设计中。

2. 有助于提高设计者和制作者的能力水平和综合素质

在餐饮经营活动中，菜品的制作要求固然重要，但如何把零散的单个菜品，通过创意设计组合成筵席，并且符合工艺、营养、卫生、美学的要求，符合筵席的程序，这关系到设计者与制作者的能力结构和综合素质。学习筵席设计与制作有助于完善设计者与制作者的知识体系，改变其知识结构，提高其能力水平，同时全面提高其综合素质。

3. 有助于提高企业的经营效益

在餐饮经营活动中，学习筵席设计与制作有助于餐饮企业不断变化新品种，给消费者以新鲜感，同时设计与制作的筵席也在经营活动中得到不断改善和提高，赢得了顾客的称赞，提高了企业的经营效益。

四、筵席设计与制作的方法

理论联系实际的原则对于筵席的设计与制作非常重要，设计的目的是为了制作，制作的效果为设计提供了信息来源。筵席设计与制作的方法尤其重要，科学的方法会使筵席设计与制作达到理想的效果。

1. 结构分析法

筵席结构是筵席的存在形式。结构分析法就是对筵席组成部分之间在时间和空间上的有机联系与相互作用的方式或程序的具体分析。要辨析筵席稳定性状态和可变性特征。稳定性状态就是一种持续和保持的整体状态，其各组成部分、排列方式保持相对稳定；可变性特征就是在与外界的相互作用中，组成的位置和组成部分也处于变动之中。因此，对筵席的结构进行分析，有助于提高筵席的设计与制作能力。

2. 比较法

比较法就是对两种或两种以上的筵席进行辨别异同的研究方法。在运用比较法时，要分清筵席的性质、主题、时间、场合、规格、档次等。不同要求的筵席，在比较的内容上不一样，容易出现误差，因此，要弄清比较的内容、共性和个性的差异所在。利用比较法，在筵席设计时可以取人之长，补己之短，借鉴优势，有利于自己的创新发挥。

3. 调查法

调查法是通过直接或间接的方式了解人们对筵席的需求和看法。由于筵席的多样性，人们的要求也是五花八门，因此在筵席设计前要进行了解，掌握顾客对筵席的要求。可以采取当面询问、发放问卷或请进来、走出去等方式，同时要对收集的信息进行归类、梳理、分析、筛选，以便及时了解筵席的目的和要求，对顾客的意见中可能遇到的问题，要有预见性。因此，调查法为筵席的设计提供了基础保障。

4. 经验总结法

从事筵席设计与制作的工作者，在长期的工作中积累了丰富的设计经验。很多设计者往往根据自己的经验进行设计，这些经验为筵席的设计提供了基础。在筵席的设计中，既要根据自己以往的经验，还要借鉴别人的经验，要把经验总结上升到一定的理论层面，提炼经验中的精华，从经验中寻找规律，在以往经验的基础上发挥自己的聪明才智，设计出更好的筵席。

5. 模拟设计法

模拟设计法是按照真实的筵席性质，有目的地构造设计筵席的对象和设计的一系列目标要求，运用已掌握的设计知识进行设计的方法，类似于真实的设计。在运用模拟设计法时，要对假设对象的仿真性、正确性、完备性和多种要求有全面的认识，不能被简单化，也不能完全按照真实的情况来设计，这种方法主要是为初学者的学习提供帮助。

以上是筵席设计的几种方法，这些方法各有其优缺点，在具体应用中，应区别对待，合理应用，才能使筵席设计工作做得更好。

任务3　筵席的分类和种类

◎ **任务驱动**
筵席的分类和种类

◎ **知识链接**
中国的筵席品种繁多，不同时期、不同区域的筵席又各具特点。由于受到时代经济的发展、各民族地区饮食习惯的差异、不同等级不同人群的消费水平以及筵席制作过程中的要求等因素的影响，筵席的种类也出现了丰富多彩的变化。因此，筵席的分类对于制作者来说十分重要。根据不同的分类标准，筵席的分类主要有以下几个方面。

一、按筵席的规格和档次划分

按筵席的规格和档次划分可分为普通筵席、中档筵席、高档筵席、特等筵席四个等级。不同的等级主要看原料的高低、菜点的质量、制作工艺的精细程度以及设备、器具、环境、服务等。

普通筵席又称为一般筵席、大众筵席，包括一般的便宴和套菜，一般取普通的家畜、家禽、水产及蔬果为主要原料，经济实惠，制作方便，变化灵活，也有的取适量的较为高档的原料做头菜。

中档筵席是以较高档的原料作为主要原料，山珍海味约占筵席的五分之一左右，如海参、鱼皮、蹄筋等，穿插一些地方菜和传统菜，比较讲究席面的布局，大方实惠，注重菜点的装饰和餐具的应用，也注重服务和就餐的环境，常用于一般的公关、庆典、迎来送往等场合。

高档筵席多采用高档的原料，特别是优质的动物性原料，辅以优质的植物性原料，山珍海味、名优特产、稀有原料占据整个席面，如海参、鲍鱼等，货真价实。菜肴制作讲究工艺造型和装饰点缀，具有较高的艺术欣赏价值。环境幽雅，服务精细，餐具华贵，礼仪隆重，具有一定的文化气息，常用于接待贵宾、外宾等场合。

特等筵席以山珍海味、名优特产中的精品为主要原料，以知名菜点和创新菜点为主，菜肴制作技术难度高，工艺性强，具有很强的艺术欣赏价值，环境雅致安静，服务精细独特，配以金银玉器为餐饮用具，特别注重礼节礼仪，常用于重要的贵宾或是顾客提出特殊要求的场合。

二、按筵席的菜式划分

按筵席的菜式划分可分为中式筵席和西式筵席两大种类。

中式筵席就是使用中国餐具，食用中国菜肴，采用中式服务，有中国特色的整套筵席规格。

西式筵席就是使用西式餐具，食用西式菜肴，采用西式服务，有西式特色的整套筵席规格。它又可分为法式筵席、俄式筵席、日式筵席和美式筵席等。

三、按地方风味划分

筵席按地方风味划分可分为鲁式筵席、川式筵席、粤式筵席、苏式筵席等。由于不同地区、不同民族的饮食风俗不同，其筵席的风味特征也不同。不同区域的筵席风味区别明显，主要区别在地方菜式、地方独特的烹饪技艺、地方的独特调味以及地方饮食风俗习惯等环节上，甚至在同一区域，某些特征上也会有一定的区别。

四、按头菜划分

筵席按头菜划分可分为海参席、鲍鱼席等。头菜是筵席中的第一道热菜，也是筵席中最好的一道菜，此菜档次的高低，基本上代表着筵席档次的高低。头菜的原料是最好的品种，加工较为精细，要求色香味形俱佳，在过去的筵席分类中，这种叫法比较普遍。

五、按菜品数量划分

筵席按菜品数量划分可分为三四席、四六席、六六大顺席、九九长寿席、八八席、七星席、四热炒、六大件、十大碗等。这种分类方法，在过去的筵席分类中也是比较普遍的，主要是从菜品的数量上来规定筵席的规格，用菜品数量来称呼筵席，一目了然，方便直接。菜品的品种可以随意搭配，只是具体的数量有规定，但有些约定俗成的菜品是必需的，一般不轻易改动。

六、按主要用料划分

筵席按主要用料划分可分为全羊席、全鱼席、全鳝席、全藕席等。按这种方法划分的全席，是指全部筵席菜肴的原料只取一种，利用原料的不同部位，以不同的刀法处理；辅以不同的配料，采用不同的烹饪技法；配以不同的调味，形成不同的风味，用这些不同风味的菜肴组合成一整套筵席。要有丰富的烹饪理论知识，高超的操作技能及一定的创新意识，才能创造出独具一格的菜肴。

七、按时令季节划分

筵席按时令季节划分可分为除夕宴、端午宴、中秋宴、重阳宴、春季筵席、夏季筵席、秋季筵席、冬季筵席等。不同的季节及不同的节日，筵席的内容也不同，由于各地的风俗习惯不同，其节日也往往带有浓厚的地方色彩。按这种方式划分的筵席，一般以时令原料品种为主，讲究菜肴的时令性和独特性，菜肴新颖，给人以耳目一新的感觉，达到一种精神上的享受。

八、按办宴目的划分

筵席按办宴目的划分可分为结婚宴、祝寿宴、乔迁宴、谢师宴、满月席、庆功宴、团圆宴等。这类筵席主要带有一定的目的，除丧宴外，在内容上大多以喜庆、轻松、愉悦、热烈为主，菜品数量一般是喜事成双、丧事排单，菜肴命名也是吉祥如意，寓意深刻。桌数一般较多，菜品组合丰富，较为经济实惠，能满足人们情感和心理上的需要。

九、按主宾身份划分

筵席按主宾身份划分可分为国宴、外宾筵席、民族领袖筵席、社会名流筵席等。这类筵席典雅隆重，讲究形式和礼仪。菜肴制作精细，要求高，制作量大，工艺较为复杂，讲究造型，原料取用范围广，多取自精品中的精品，环境及服务等配套过程要求高，带有一定的政治色彩，注重礼节礼仪、宗教信仰、饮食习惯、饮食禁忌等。

十、按人名划分

筵席按人名划分可分为孔府家宴、北京谭家宴、大千宴、东坡宴等。以人名来命名筵席，特别是名人，是对这个人物在饮食方面的纪念，主要以名人习惯的饮食爱好和喜食的菜点组合而成，特色比较鲜明，在某些菜肴制作方面有所擅长，有别于社会筵席，菜肴制作精细，口味口感纯正，讲究原料的选用。

十一、按处所划分

筵席按处所划分可分为车宴、船宴、野宴、游宴、醉翁亭宴等。这种划分是以宴饮的处所环境来确定的，这种筵席的内容比较简单，菜点数量不定，人数不定，随意性较强，有些菜肴时令性较强，主要是注重环境氛围，景助酒兴，酒助人兴。

十二、按名著划分

筵席按名著划分可分为红楼宴、金瓶梅宴、水浒宴等。这类筵席主要是以名著为基础，按照名著中的筵席或菜点加以仿制和组合。这类筵席和菜肴一般来说，都是当时那个年代有代表性的，因而要求就餐环境、餐具用具、服务方式、人员服饰、上菜程序、原料选用、工艺流程、风味特点等内容尽可能地与当时相吻合。但时过境迁，有一些方面已经失传或不复存在，这就需要进行挖掘和整理，因此现在制作出的筵席，大多为仿制。

十三、按仿制年代划分

筵席按仿制年代划分可分为仿唐宴、仿宋宴等。这类筵席也称为仿古宴，以某一时代命名的仿古宴，主要是根据历史上不同朝代筵席的规格礼仪，经过对筵席内容的挖掘和整理设计出来的，在菜品数量、菜点组合、上菜程序、风味特点等方面更接近于现代的习惯。这类筵席要经过多次试制，筵席中各个环节的组合十分重要，应尽可能恢复当时宴饮的场面和内容。

除上述分类以外，还有按名胜古迹划分的长安八景宴、洞庭君山宴、西湖十景宴等；按文化名城划分的开封宋菜席、洛阳水席、成都田席等；按名特原料划分的长白山珍宴、昆明鸡枞席等；按八珍划分的山八珍席、水八珍席、禽八珍席、草八珍席等；按彩蝶划分的喜庆宫灯席、金杯闪光席、龙凤呈祥席等；按少数民族划分的蒙古族全羊宴、朝鲜族狗肉宴、赫哲族鳇鱼宴等；按烹调方法划分的烧烤席、火锅席等。

任务 4　筵席的基本要求

◎ 任务驱动
筵席的基本要求

◎ 知识链接
筵席的种类繁多，内容丰富，不同的环节其要求也不一样，要完成一桌完善的筵席，就要注意不同环节之间的巧妙配合及内容的合理搭配组织，其基本要求如下。

一、筵席的构成

筵席品种虽然各异，但格式大体相同，一般由冷盘、热炒、大菜、甜菜、点心等组成，有其一定的架构（大纲），即菜肴与菜肴之间需要具有密切的关系。配菜时，不仅要将每道菜依照所需的技巧巧妙地配合，而且必须严密注意菜肴与菜肴间色、香、味、形的配合，也需顾及菜肴与盛具间的调和。因此，这是一个极复杂的组合作业，除了材料的选用，刀工、烹调方法必须讲究外，更要使菜肴本身在颜色上的搭配显出特色。所以为了使一桌筵席达到完美的境地，必须切实掌握菜单的选定、准备及菜肴上桌的顺序等几个要点。

二、筵席的基本要求

1. 筵席主题目的明确

筵席都具有一定的目的性，只有明确主题，才能合理安排筵席。要根据筵席的规格要求，设计出符合主题的筵席环境和筵席菜肴等，如婚宴，要求有喜庆的氛围，菜肴要求红色喜庆，吉祥如意；寿宴，菜点要突出长寿的寓意来表达主题；全席以原料为主题，要突出原料的特征；景宴要突出景物的特点；风味筵席要突出风味特色；时令筵席要突出时令的节奏；仿宴要突出时代特征等。筵席的主题目的不明确，会使筵席的组织安排不合理，从而达不到目的。

2. 选用原料合理

筵席制作对原料的选用有一定的要求，除全席外，要尽可能地选用不同类别的原料，畜类、禽类、水产、蔬果等尽可能地面面俱到。原料的选用要尽可能地符合新鲜、营养的要求，时令性和地域性要突出，要结合食用者的特征选用原料，这样才能使筵席的风格突出。同时要结合筵席的规格来选用原料，规格越高，选用的原料档次越高。

3. 加工制作工艺多样

筵席的制作工艺视筵席的规模档次而定，一般来说，档次越高，制作工艺越复杂。一个完整的筵席，加工工艺要全面，原料刀工处理后的丁、条、丝、片、蓉等形状要合理；煎、熘、爆、炒、炸等烹调方法要全面；工艺造型要兼顾恰当。良好的工艺造型菜肴，配以各式造型的餐具，能提高筵席的艺术水平，提高筵席的档次，体现制作者高超的技艺，能给食用者留下深刻的印象。

4. 味型调制变化多端

百菜百味是中国烹饪的重要特征之一，筵席中菜肴的味型是筵席的灵魂。无论筵席原料的档次多高，品种多好，菜肴造型多么美观，器皿多么华丽，如果食之无味，就是失败之作。一桌完整成功的筵席，菜肴的味型要全面，特别要根据食用者的口味来确定筵席的口味，菜肴不能同一口味或口味单一，应甜咸酸辣得当、各种味型兼顾，还要熟悉新型调味品的运用，要善于创造新颖的口味。

5. 色彩搭配丰富诱人

筵席中菜肴色彩的搭配非常重要。菜肴的颜色带给人的是记忆感觉，愉悦的色彩能诱人食欲，恶心的色彩令人反感。菜肴的颜色主要有三个方面，一是原料的本色，二是调味品的调色，三是食用色素的使用。筵席中菜肴颜色的搭配力求全面合理，包括菜肴之间颜色的搭配，菜肴主辅料的搭配，菜肴的摆放要尽量有反差，不宜顺色。

6. 菜肴数量组合恰当

菜肴的数量有两层含义：一是整桌菜肴菜品的数量，二是单份菜肴的分量多少。筵席菜肴的数量要恰到好处，既要让食用者吃饱吃好，又不能造成浪费，一桌筵席的客人一般为10~12人。宴席菜肴的安排，要根据客人的数量精心组合，有的数量要足，有的每客一品，因此，筵席菜肴数量的控制非常重要。

7. 服务周到细致

筵席服务是筵席的一个重要环节，服务质量的好坏，直接影响客人的心情。良好的服务，能带给客人愉悦的感觉，给客人留下深刻的印象，也能弥补筵席中的不足。不同形式的筵席，服务的要求不同，但在服务的过程中要想满足客人的需要，服务人员必须具备一定的服务意识和服务知识。

8. 环境幽雅舒适

筵席的环境视筵席的规格和要求而定，不同目的、不同规格的筵席，环境的要求也不同。

如婚宴，环境要求张灯结彩，体现喜庆的气氛；国宴，环境要求大方隆重；仿古宴，环境要求古典幽雅，有时代气息；少数民族宴，环境要求有少数民族的特征；车宴、船宴、亭宴等环境则以自然风光为主。有些筵席，环境要求富丽堂皇；有些筵席，环境则要求淳朴简易。

9. 注意饮食禁忌

筵席的菜肴、摆设、服务过程等还要注意就餐者的饮食习惯、宗教信仰等，如回族人不食猪肉；印度人把牛当作神来敬仰、不能用左手递东西；日本人不喜欢紫色。因此，筵席安排前了解客人的饮食爱好和饮食禁忌非常重要。

10. 运用成本核算

筵席的制作很大程度上要考虑筵席的成本核算问题，特别是经营性的饮食企业，更要掌握成本核算的方法，要根据筵席的成本来确定筵席的定价，确定毛利。不同规格的筵席，其成本控制的目标也不同。一般来说，高档筵席的毛利率较高，低档筵席的毛利率稍低。

任务 5　我国筵席现状和发展策略

◎ 任务驱动

1. 我国筵席的现状
2. 我国筵席的发展策略

◎ 知识链接

一、我国筵席的现状

中国筵席受传统的影响较多，其存在形式和内容，经过不断地发展和改革，流传至今。在目前社会交往中，筵席起到了十分重要的作用，正是由于筵席的这种社交性，在筵席的制作和实际应用中，存在着许多弊端。国家出台了杜绝铺张浪费等一系列政策，无疑对筵席的改革提出了必然的要求。从目前筵席的状况来看，主要存在以下问题。

1. 追求排场、相互攀比，消费水平高

中国传统的筵席，为了显示主人的热情好客，往往安排了充足的菜点和隆重的场面，以显示主人的诚意和实力。在现代社会更是如此，筵席不仅要菜品丰盛，还要环境幽雅，场面

宏大，动辄一掷千金，显示主人的阔绰。如此一来，相互攀比之风越演越烈，也由此诞生了大量装潢富丽、接待规格越来越高的酒店。

2. 寻求奇珍异品，追求高档享受

中国虽属发展中国家，经济还不富裕，但中国的餐饮是世界上最丰盛的。上自"周代八珍"，中至唐代"烧尾宴"，下至清代"满汉全席"，及至现代的"豪门宴"，所用原料稀少珍贵、稀奇古怪。但如果片面追求奇珍异品，不惜代价，破坏生态环境，则是不可取的。长此以往，将会把中国筵席推向追奇猎异的歧途。

3. 流于形式、缺乏灵魂，中看不中吃

在现代筵席制作上，一些厨师片面追求筵席的某些方面，流于形式，中看不中吃，忽略了筵席菜肴的灵魂——滋味。作为筵席，最根本的作用是食用，食用的最终目的是对菜肴滋味的评价。在一些高档筵席上，厨师花费了大量时间和精力，在雕刻、图案、装饰上下功夫，而对菜肴滋味却不加重视，这种舍本求末的做法对筵席发展是极大的阻碍。

4. 构成失衡，重荤轻素，原料营养及工艺配伍不合理

现在筵席存在"三重三轻"现象。一是重饮酒轻主食。凡是宴请，只饮酒、吃菜，不进主食，即使进主食，也象征性的吃一点。二是重菜肴轻主食。凡是宴请，都以菜品为主，很少上主食，迫使赴宴者只能饮酒吃菜。三是重荤轻素，原料营养及工艺配伍不合理，是目前筵席最普遍的现象，一桌筵席，动物性原料往往占到80%以上，荤素搭配不合理，无疑在菜肴营养搭配上会出现营养搭配不合理，动物脂肪和蛋白质摄入过高，维生素、无机盐、纤维素等摄入过少，从而影响到整个筵席的膳食结构，营养失衡。传统筵席菜肴都是以高热量、高脂肪、高胆固醇为主的大鱼、大肉，而维生素、膳食纤维、某些矿物质相对不足。长期暴饮暴食、持续片面或摄入过多的热量、脂肪、胆固醇，会造成人体营养摄入失衡，诱发脑血管疾病、冠心病、肿瘤、糖尿病、肥胖症、肠癌等疾病。医学研究证明，常吃筵席的人容易出现头晕、头痛、血压偏高、厌食、消化不良、腹泻等"筵席综合征"。

5. 菜品数量多、浪费严重，冗长拖拉

由于受"食有余"观念的影响，贪多求丰。中国筵席强调菜肴珍贵、丰盛，量多有余，以菜肴、酒水的贵贱和多少来衡量办宴者的情感之深浅，菜点越丰盛，交情显得越深厚；菜品数量多，显示主人的诚意大；菜品数量少，全部吃完，显示主人小气、抠门。满桌佳肴即使吃不完，浪费也不为耻。若碗盘朝天，认为不敬，甚至遭嘲讽，办宴者感到有欠大方，赴宴者也觉有失斯文。所以，在中国请客吃饭以丰为敬，笑穷不笑奢，但在现代社会，酒店中筵席菜品是由厨师来制定的，有些筵席的菜品少则二三十道，多达四五十道菜。有不少菜品

在筵席结束后几乎未动,而这些菜品又不能回收,只有作为食品垃圾倒掉,特别是一些消费档次较高的筵席,浪费现象十分严重,这种铺张浪费、讲排场、讲究脸面的形式,已经形成一种恶习。

中式筵席由于菜肴多、程序繁、饮无休,筵席大多是马拉松式。只要一上桌,少则两小时,多则三四个小时,宝贵时间尽耗于杯盏之间,既不利于身体健康,也不符合"时间就是金钱,效率就是生命"的新时尚。

6. 操作工艺不规范,上菜顺序混乱

操作工艺不规范,不能科学严谨地按照筵席的需求来操作,具体体现在选料不广泛;调味单一;烹调方法重复;色彩搭配不合理;大菜、热炒混淆不清;内容比例分配失调等,特别是在上菜顺序上,不能按照先咸后甜、干湿结合、时间间隔协调一致等要求去做。这些不规范行为,一方面反映了厨师技术水平有限,缺乏科学的筵席制作方法,另一方面也反映了餐饮行业的一些不规范行为。

7. 喧宾夺主、比例失调

筵席的组成主要有冷菜、热炒、大菜、点心、水果、汤、主食等,有些筵席的冷菜质和量超过热菜;有些热炒、大件混淆不清,大件不大,热炒不小,喧宾夺主,主次不分;特别是在一些装饰点缀上,装饰点缀物品太多,超过菜肴的数量,影响了人们对菜肴的感觉。现代很多筵席追求餐具奇特,奇特餐具适量使用会起到一定效果,使用过多则会适得其反。

8. 就餐形式不合理

餐厅属于公共场所,我国传统的筵席是围桌就餐,众人共食一道菜,甚至互相夹菜相让,公筷公勺作用不大,不像西餐中的分餐制,因而难免会出现不卫生状况,造成一些传染病的传播,不少传染病的传染源就在筵席上。中式筵席都是共餐制,即"同夹一盘菜、共舀一碗汤。"十筷齐下,带着各自的涎水在同一菜盘中你来我往打太极,尤其是用筷子捞取汤中食物,无异于在用汤洗筷子。更有殷勤好客者,用自己的筷子热情为别人擤菜,若推辞谢绝,还认为你不领情。更有忘乎所以者高谈阔论,唾沫横飞,满桌菜肴尽受污染。然而,人们照吃不误,照饮不止。

9. 加工烹调过程安全卫生监督不够

筵席在加工过程中,由于烹饪专业手工操作性较强,因而在原料的采购、保管、加工、烹调等环节缺乏科学的卫生监督。特别是在现代社会,人们为了追求感官和色彩上的享受,大量使用各种添加剂,有些原料在养殖或种植的过程中,也大量使用国家禁止的各种育

肥、增色的饲料，各种添加剂、农药在原料中比比皆是。这种现象已严重威胁到人们的人身安全。

10. 传统工艺的流失

随着科学技术的发展，机械化操作在烹饪工艺中逐步普及，专业性的分工越来越细，市场上出现了很多的单项加工业务，酒店采购的原料，大多已成为成品或半成品。许多传统的初加工技术，大多厨师，特别是年轻厨师都不会操作，如有些原料的干货涨发、杀鸡、挤虾仁等，这些传统工艺已面临流失的地步。

二、我国筵席的发展趋势和对策

随着社会经济的发展及人们生活水平的提高，筵席也在不断发展壮大中。针对筵席目前的状况，就是要去除弊端，提倡良好的筵席形式，去除不合理、不科学、不规范以及不符合时代要求和人们审美艺术的东西，在继承中创新，在改革中发展，取其精华，去其糟粕。筵席是一种社会商品，要满足一般社会商品的一般属性，要理性地按照社会商品的一般规律来经营，要本着继承、发扬、开拓、创新的原则，正确处理好继承与创新、普及与提高的关系，满足消费者对筵席的需要，要让筵席富有时代特征，符合时代要求，要正确处理好市场与消费者之间的关系，维护消费者的利益。

筵席改革是筵席发展过程中的必然趋势，筵席艺术从其产生到现代化的今天，已经经历了变革、创新、规范、再变革、再创新、再规范的演变和发展。21世纪的今天，是加快改革、扩大开放、加速经济发展、开拓前进的时代，这也必然冲击着生活领域的改革，那些陈旧的传统观念和不科学、不合理的生活方式都要进行革新。从人类饮食文明的发展轨迹来看，当人类已完全解决温饱和达到"小康"生活水平后，饮食的质量不再是权力、地位、金钱的象征；饮食的功能应回到其本来的轨道，其社会功能应是人类生存、繁衍、发展的需要，其个体功能是人们保健、社交、娱乐的需要，这对提高人民的身体素质，使之有更加充沛的精力，去从事社会主义物质文明和精神文明建设，具有十分重要的战略意义。随着社会的发展，营养科学会更多地被引入烹饪领域，筵席的饮食结构向营养化发展，更趋合理、科学，绿色食品会越来越多地在筵席餐桌上出现（如2001年在上海举办的亚太经合组织领导人非正式会议，其蔬菜及畜禽肉类一律选用绿色食品）。暴饮、暴食、酗酒、斗酒这些不文明的饮食行为会被人们逐渐认识其危害性而舍弃。筵席的营养化趋势具体表现形式主要是根据国际、国内的科学饮食标准设计筵席菜肴，提倡根据就餐人数实际需要来设计筵席，要求用料广博，荤素调剂，营养配伍全面，菜点组合科学，在原料的选用、食品的配置、筵席的格局上，都要符合平衡膳食的要求。筵席的卫生趋势主要是由集餐趋向分餐，许多饭店已注意到这方面问题，采用"各客式""自选式"和"分食制"，许多高档筵席的上菜基本都是分餐各客制，既卫生又高雅。

筵席反映了一个民族的文化素质，量力而行的筵席新风会被更多的社会各阶层人士所接受、提倡。上万元一桌的"豪门宴"，菜肴中包金镶银的奢靡之风乃至捕杀国家明令禁止的野生动物的违法行为会得到有效的遏制。奢侈将成为历史，提供"物有所值"的筵席产品是未来的主流。讲排场、摆阔气、相互攀比的"高消费"不正之风会随着社会主义"双文明"建设的发展而逐步消亡。

（一）我国筵席的发展趋势

1. 精致化趋势

精致化趋势是指菜点的数量与质量。新式筵席设计要讲究实惠，力戒追求排场，既应适当控制菜点的数量与用量，防止堆盘叠碗的现象，又需改进烹调技艺，使菜肴精益求精，重视口味与质地，避免粗制滥造。

2. 多样化趋势

所谓多样化，即筵席的形式会因人、因时、因地而宜，显现需求的多样化，筵席因适合这种需求而出现各种的形式。

3. 特色化趋势

特色化趋势是筵席有地方风情和民族特色，即能反映某酒店、地区、城市、国家、民族所具有的地域、文化、民族特色，使筵席呈现精彩纷呈、百花齐放的局面。如对待外地宾客，在兼顾其口味嗜好的同时，适当安排本地名菜，发挥烹调技术专长，显示独特风韵，以达到出奇制胜的效果。

4. 美境化趋势

美境化趋势主要是指设宴处的外观环境和室内环境布置两个方面。人们特别关注室内环境的布置美，关心筵席的意境和气氛是否符合筵席的主题。诸如筵席厅的选用，场面气氛的控制，时间节奏的掌握，空间布局的安排，餐桌的摆放，台面的布置，台花的设计，环境的装点，服务员的服饰，餐具的配套，菜肴的搭配等都要紧紧围绕筵席主题来进行，力求创造理想的筵席艺术境界，给宾客以美的艺术享受。

5. 食趣化趋势

食趣化趋势是注重礼仪，强化筵席情趣，提高服务质量，体现中华民族饮食文化的风采，能够陶冶情操，净化心灵。如进食时播放音乐，有时也观看舞蹈表演或跳舞，盛大筵席有时还边吃边喝、边看歌舞表演节目。音乐、舞蹈、绘画等艺术形式都将成为现代筵席乃至未来筵席不可缺少的重要部分。

6. 快速化趋势

快速化趋势，即筵席所使用的原料或某些菜肴，会更多地采用集约化生产方式，半成品乃至成品会出现在筵席的餐桌上。

7. 自然化趋势

自然化趋势，即筵席的地点、场所会进一步向大自然靠拢，举办的场所可能会选择在室外的湖边、草地上、树林里，即使在室内，也要求布置更多的绿叶、花卉来体现自然环境，让人们感受大自然的声音，满足人们对回归自然的渴望。烹饪文化的国际交流给中国饮食文化的发展带来新的活力。

8. 国际化趋势

国际化趋势，即筵席的形式会更向国际标准靠拢，与国际水平接轨，这是改革开放、东西方烹饪文化交流的必然结果，也是迎合各国旅游者、商务客户需要的市场自然选择。总之，热情好客必将被态度诚恳、彬彬有礼所代替，而强调进餐环境、筵席气氛和服务水准，更加节俭、文明、实效、典雅的新型筵席观念将会成为社会发展趋势。

（二）我国筵席的改革发展对策

1. 改革筵席陋习，提倡勤俭节约新风尚

筵席的改革发展，首先要去掉筵席的陋习，特别是铺张浪费现象，要提倡勤俭节约的新风尚，杜绝追求高档享受、讲究排场的行为。我国出台了杜绝浪费等措施，有力地保证了筵席的健康发展。

2. 创新筵席发展，顺应时代发展新潮流

创新筵席的发展思路，要在我国传统筵席的基础上，取其精华、去其糟粕，要借鉴国外筵席健康的元素，与我国的筵席有机结合，创新出适合我国国情，有中国特色的筵席，使筵席的发展顺应时代的发展。

3. 科学、规范、合理，保证人们的身体健康

在筵席的设计和制作中，要科学、规范、合理地选用原料，采用适宜的烹饪工艺，尽可能地使筵席的食物结构合理、营养搭配全面，尽可能地保持食物的营养成分，要根据不同人群的需要来设计和制作筵席，保证人们的身体健康。

4. 精益求精，达到至善至美的新境界

在筵席的设计和制作中，要精益求精，不可粗制滥造，不可喧宾夺主，要追求筵席的内涵所在，筵席菜品要精而新，要不断采用新原料、新工艺、新调味，精心制作，不断创新，才能使筵席达到至善至美的新境界。

5. 因人因地，形成风格迥异的新局面

在筵席的设计和制作中，要因人因地而异。我国地大物博，各地风俗习惯千变万化，地方特色浓厚，不同主题特色的筵席，风格不同，因此，要因人、因地、因时、因事来设计和制作，要吸收不同筵席的风格，突出筵席特色，从而形成风格迥异的筵席新局面。

6. 提高安全意识，禁止使用各种有毒有害原料

要提高食品安全意识，不加工各种含有对人体健康有害的原料，不加工国家保护的动物，筵席制作过程中不使用对人体有害的各种添加剂和物品，养成良好的食品安全卫生习惯。

■ 思考题

1. 什么是筵席？筵席有什么特点？
2. 筵席在社会生活中有什么作用？
3. 筵席是如何分类的？
4. 筵席有哪些基本要求？
5. 如何看待目前我国的筵席状况？你有什么发展对策？

项目 2
筵席的菜单

◎ 学习目标

本项目重点了解和掌握筵席菜单的种类、设计原则、要求以及菜单在餐饮企业经营中的作用;掌握筵席菜单设计的注意事项。

◎ 学习重点

1. 筵席菜单的种类和作用
2. 筵席菜单的设计原则和要求
3. 筵席菜单设计的注意事项

任务 1　筵席菜单的概念和种类

◎ 任务驱动
1. 筵席菜单的概念
2. 筵席菜单的种类

◎ 知识链接

一、筵席菜单的概念

菜单一词来源于拉丁语"minutus",意为备忘录。本来是厨师为了备忘而记录的单子,现在人们把菜单解释为餐饮企业提供食品和饮料的单子。菜单在餐饮企业经营中起着非常重要的作用,是餐饮业经营活动的手段,也是餐饮经营者经营思想和管理手段的体现。随着社会经济的发展和餐饮业的不断发展壮大,菜单的作用尤显重要,它不再是一张简单的餐饮产品目录,更是企业形象的标志。

菜单的基本功能是向消费者提供筵席菜品的信息。对消费者而言,菜单上所列的菜品,就是消费者要食用和选择的菜品名称。菜单是餐饮企业设计的产物,菜单上所列菜品是根据一定的要求、依据一定的原则、采用适当的方法精心组合在一起的,是菜品组合的艺术,是消费者与餐饮企业沟通的桥梁。重视筵席菜单,是餐饮业走向成功的关键一步。

二、筵席菜单的种类

餐饮企业往往根据不同情况,设计不同特色的菜单。根据餐饮企业的经营风格、经营模式、经营范围以及经营场合、市场需求等方面的不同,菜单也随着变化。因此,菜单的种类很多,具体有以下几种。

1. 按菜单设计性质和应用特点划分

(1) 套菜菜单　套菜菜单是餐饮业为了经营的需要,由企业设计人员预先设计的具有不同价格档次的菜品组合。这种菜单的特点,一是价格档次分明,适应各种层次消费者由低到高的需要;二是菜品组合基本确定,不同价格的套菜菜单,其菜品组合不同;三是具有固定的菜品。套菜菜单的形式按价格和人数不同可组合为二人套餐、三人套餐、四人套餐等。由于套菜菜单具有大众性,因而对特殊人群而言,针对性不强。常见的套菜菜单有三种。

普通套菜菜单:通常是指一餐需要的几种主食、菜肴或饮料是以包价销售形式制定的,菜品具有制作简单、快捷方便、经济实惠的特点，如两菜一汤一饭、四菜一汤一饭等，多用于快餐餐厅、风味餐厅等。

团体套菜菜单：主要是针对旅游团体、会议团体等客源而制定的包餐菜单，通常按规定的标准来制定，菜品多大众化并有针对性，人数多为10~12人一桌，通常八菜一汤、十菜一汤等较为适当。在制定团体套菜菜单时，还要考虑团队人员的年龄、饮食爱好、生活习惯等，做到有针对性和多样性，注意菜品的组合，高中低档合理搭配，保证质价相符。

宴会菜单：是根据宴会主题需要和用餐标准来设计制定的、具有一定规格质量的一整套菜点。由于宴会的性质不同，其形式也不同，如国宴、商务宴、招待宴、婚宴、寿宴、丧宴等，因此，要根据宴会主题目的、规模档次、时令季节、宴请对象、宴请地点等具体设计。总的来说，宴会菜单大多要求热烈隆重，菜品典雅丰盛，其菜单的规格也比其他菜单要高。

（2）点菜菜单　点菜菜单也称为零点菜单，是餐饮企业经营的基本菜单。零点菜单针对面较广，品种较多，顾客选择余地较大，高中低档搭配适中，菜品的制作难度不大，大众化菜品较多，菜品按份定价，一目了然，基本比较固定，具体有早、中、晚餐菜单，适用范围广，各种风味餐厅及大小宾馆饭店都适用。由于零点菜单提供的菜品都是现点现做，因此工艺复杂、制作难度大的一般不列在菜单上；价格名贵、顾客点菜机会比较少的菜品一般也不列在零点菜单上；而能反映企业特色的菜肴要标注在菜单的明显位置。当然，零点菜单并非一成不变，在不同季节、企业促销等情况下，菜单会有所变动。

2. 按菜单使用时间长短划分

（1）固定式菜单　指长期使用或不经常变换的菜单。在餐饮经营活动中，这种菜单较多，如零点菜单、特色筵席菜单等，其基本框架、组合方式、基本菜品在长时间内不变化或随季节不同而稍有变化，或是少数菜品在原料来源、加工方法、味型调制、装盘形式等方面稍作调整。这种菜单最大的好处是有利于标准化制作，尤其是原料的采购标准、加工标准、质量标准比较易于统一，不足之处是容易使顾客产生厌倦心理，菜肴不能及时跟上市场流行品种趋势，生产操作无新意。

（2）阶段性菜单　指在规定时间内使用的菜单，如餐饮企业在不同季节使用的季节性菜单；餐饮企业搞美食促销活动的美食节菜单；节假日使用的如中秋团圆菜单等。这种菜单具有针对性较强的特点，主题鲜明、目的明确、个性突出，为企业经营互动推波助澜。其优点是给顾客以新鲜感，使工作人员不易对工作产生单调感；有利于企业经营，为企业带来经济效益；提升企业形象，为企业带来社会效益和知名度；能有效实现生产和管理的标准化。不足之处是增加了劳动工作量和劳动难度；增加了菜肴的品种和数量及各种宣传和策划的费用，从而增加成本。

（3）一次性菜单　也称即时性菜单，大多是为某种筵席或宴会专门设计和制作的菜单，主要是根据顾客的需要、菜品原料的可得性、厨师的技术能力和企业的接待能力而设计的。其优点是灵活性强，能满足顾客需要，紧扣筵席主题；能及时适应市场原料的变化；能调动厨师的积极性和创造性，开发新产品。不足之处在于菜单变化大，难以做到标准化，增加了经营成本。

除上述分类外，按餐饮企业经营模式划分有点菜式菜单、宴会菜单、快餐菜单、风味菜单、自助餐菜单、客房送餐菜单、儿童菜单等；按中西式菜式划分有中餐菜单和西餐菜单；按宴饮的形式划分还有宴会菜单、冷餐会菜单、鸡尾酒会菜单和便宴菜单等。

任务 2　筵席菜单的内容和作用

◎ 任务驱动

1. 筵席菜单的内容
2. 筵席菜单的作用

◎ 知识链接

一、筵席菜单的内容

筵席菜单的编制是一项集艺术性、技术性和创造性为一体的工作。作为菜单，其内容尤显重要，不同形式的筵席菜单，虽然形式不同，但大体内容是一致的，主要有以下几个方面。

1. 菜品名称和价格

菜品与名称是内容和形式的关系，内容决定形式，形式反映内容，名称是菜品给顾客的第一印象，是顾客对菜品期望值的直观来源。价格是菜品的出让价值，价格的高低除了由原料的价格决定外，还受企业的规模档次、菜品的加工工艺等方面的影响。因此，菜品的名称和价格是菜单最重要的内容。

在编排菜品名称和价格时，要求名实相符，名称和价格要有真实性。菜品名称要尽可能好听，要有情趣性和艺术性，但不能故弄玄虚，让人摸不着头脑，名称与实物不相符会给顾客一种被愚弄的感觉，要尽可能满足顾客心理，采用一些吉祥如意、寓意明确的名称。价格也要与实际相符合，明码标价，价格合理，使顾客易于接受，不能漫天要价，也不能强求实惠而使毛利过低，当然，在一些促销活动中可以采取一些优惠价、浮动价、季节价等来吸引顾客。

2. 菜品介绍

菜品介绍是菜单的另一主要内容。菜单上的一些产品，特别是一些特色产品，一定要有一段文字介绍，特别是一些主配料的数量、独特的调味和调料、特殊技法和菜品的分量等。虽然有些菜品无须十分详细的介绍，但是至少要让顾客了解这个菜品的大概情况，特别是特色菜肴，要把特色之处标注清楚，而且要标注在显眼处，使顾客一目了然，这样可以省去服务员的介绍，节省时间。

3. 告示性信息

每份菜单都有告示性信息，一般来说，告示性信息主要包括餐厅的名称、地址、电话、传真、网址和商标标识、经营时间等，有些还标明餐厅在城市中的位置，甚至简易图示，另外还包括一些需要说明的情况，如谢绝自带酒水、加收服务费等。这些告示性信息，一般标注在菜单的下方、封面或封底。

4. 机构性信息

有些大型宴会菜单，还标有饭店的机构性信息及企业文化标示，如有些老字号企业的发展历史、发展过程、重大业绩等，这些都是为了塑造企业在公众心目中的美好形象，扩大企业的影响。

5. 艺术装饰和相应图片

筵席菜单的内容还包括饭店的外观图片、餐厅和菜肴的图片，以便使顾客对整个饭店及菜肴有所了解。另外，为了使菜单美观，还要使用一些艺术装饰，如艺术线条、艺术文字等，使之和图片相辉相映，这也体现了企业的文化，彰显了企业的实力。

二、筵席菜单的确定

菜单是筵席排菜、上菜的具体根据，只要菜单的安排妥当，就能按照所需菜肴的材料，做好事前的准备工作。

决定筵席的菜单，是一个非常重要而精密的作业，筵席一切的准备工作都依照菜单进行，它对筵席的成败具有决定性影响。决定菜单必备的条件主要有以下几个。

1. 筵席的对象

出席者各有其不同的生活习惯，对于味道的选择也有不同的爱好。如果具体了解宴请对象的爱好，则有助于菜肴种类及材料的确定。

2. 筵席的形式

筵席的形式不同，配菜时菜肴种类的比重也随之不同，所以必须把握筵席的形式，才能确定菜单的内容。

3. 价格的商定

筵席菜肴的估价，具体表现在菜单上。有时必须与预订筵席的客户商定价钱后，才能确定菜单的品目。

4. 与筵者的人数

明确的与筵人数每桌为八人、十人、十二人或十六人，这是具体确定每道菜的菜量和品目的依据。

5. 货源与技术条件

必须了解货源状况、厨师的技术及设备条件等。

三、筵席菜单的作用

筵席菜单是设计者根据宴请对象、消费标准和顾客需要预先设计好的菜品组合，如同产品介绍书，不仅是餐饮管理者经营思想与管理水准的体现，更是消费者与经营者沟通的纽带。菜单不仅是一个产品目录，还是一件艺术品，也是企业的宣传品。因此，菜单在餐饮企业经营中有非常重要的作用。

1. 菜单是消费者和经营者消费经营的依据

菜单是提供给消费者消费的依据和凭证。根据菜单，消费者对消费的品种、数量、质量、价格一目了然；作为餐饮企业，同样也是如此，这也是消费者的知情权。如果没有菜单，口说无凭，容易产生误解，甚至产生不必要的麻烦；有了菜单，顾客放心，企业满意。

2. 菜单是消费者和企业沟通的桥梁

顾客到饭店进行消费，通常是通过饭店提供的菜单来选择他们消费的品种，服务人员及相关人员有必要、有责任也有义务为顾客推荐菜单及菜单上的品种。顾客与服务人员通过菜单进行交流，信息得到了沟通，使买卖双方达成一致。在按照菜单提供服务的同时，服务人员与顾客还应进行直接沟通，听取顾客对菜品的意见，以便于进一步改进菜单。

3. 菜单是餐饮企业营销的手段

菜单起着连接顾客和餐厅的纽带作用,餐饮企业通过菜单推荐产品,提供各种菜品信息;顾客通过菜单了解餐饮企业的经营品种和菜品信息。因此,餐饮企业要根据顾客需要设计各种菜单供顾客选择,通过图文并茂的艺术性菜单,使顾客对菜单中的菜品品质、菜品内容、风味特色、成本价格等有所认识,使顾客因菜单而产生强烈的消费欲望,从而达到餐饮企业营销的目的。

4. 菜单反映了餐饮企业的经营方向和方针策略

餐饮企业要想长期有效地发展,在激烈的市场竞争中立于不败之地,就必须确立正确的经营方向和经营方针策略。餐饮企业的菜单,是企业根据经营方针,通过市场调查,分析客源和市场需求,对消费者的类型及消费特点进行研究后,根据具体研究结果制定出来的。菜单的内容、提供的菜品品种和价格,代表着企业的经营范围、经营规模、经营思想和理念,是企业经营方针的集中体现,关系到企业经营业绩的好坏和经营活动的成败。

5. 菜单是餐饮企业业务活动的总纲

餐饮企业的经营活动,从原料的采购、菜品的烹调制作到筵席的服务等都围绕菜单进行。因此,可以说菜单是餐饮企业开展业务工作的基础和核心,餐饮企业从设备的选配到厨房布局,从原料的采购到储存保管,从厨师、服务员到管理人员的配备,都要围绕菜单进行。如制作烤鸭需要挂炉、烤乳猪和烤全羊需要明烤炉、蒸制需要蒸车等,菜品品种越丰富,需要的设备种类就越齐全,菜品越珍奇,设备就越特殊。由于设备的不同,厨房布局等随之改变。再如,列入菜单经营的原料是采购的必备品种,而临时增加或新推出的菜品原料要及时调整落实到采购计划中。再者,菜单上的菜品品种、风味特色与服务规格也决定了厨师、服务员配备的情况。因此,菜单对餐饮企业业务活动的开展至关重要。

任务 3　筵席菜单的设计原则和注意事项

◎ **任务驱动**

1. 筵席菜单的设计原则
2. 筵席菜单设计的注意事项

◎ **知识链接**

筵席菜单的设计是一个复杂的过程,不仅要了解筵席的种类和各种原料的性质、进货价格以及品种特色，还应充分考虑到客源市场，因筵制宜、灵活掌握，才能设计出顾客满意的筵席菜单。

一、筵席菜单设计的依据

（一）市场需求

市场营销观念和社会营销观念已经成为现代餐饮经营的指导思想。要使餐馆的菜单具有吸引力，必须进行市场调研，确定目标市场，根据顾客需求来设计菜单。

1. 可控因素的影响

餐饮产品、价格、渠道、促销等可控因素对销售都会产生影响，餐馆应分别对上述因素进行调查研究，并结合销售成本和利润分析作出规划。

2. 不可控因素——竞争情况

竞争对手的市场占有：通过比较餐馆的销售量和所有竞争饭店的总销售量，计算本餐馆的市场占有份额。

分析各竞争对手餐馆的特点，包括有形特点和无形特点。通过分析，列出与部分对手的比较结果。

3. 其他不可控因素的影响

其他不可控因素指无法控制的政治、法规、经济、文化、科学技术等因素，如顾客的收入及收入分配趋势、顾客消费动向等。

4. 动机调研

动机调研，简单地说，就是要研究顾客对各个餐馆所提供的产品和服务的看法，分析顾客到某一餐馆而不到其他餐馆用餐的原因。

（二）食物的花色品种

设计什么样的菜单，将提供什么样的菜肴给顾客，所以，这里有必要讲述提供什么样的菜品才会让顾客满意。

1. 色彩

色彩在吸引顾客注意力上起着很重要的作用，因为人们往往通过视觉对食物形成印象。一般来说，色彩对比丰富，搭配协调，看上去明朗清新、赏心悦目、食欲大增就可以说是成功的色彩组合。

如果菜单上只列些清炒、清蒸、清炖的菜，而食物的本色也都十分素淡，那么宾客只能得到"白"的印象。同样，如果菜单上列有过多的红烧、糖醋、炸熘的菜式，那么宾客只能得到"红"的印象。

在通常情况下搭配菜肴颜色时，配料应适应主料、衬托主料。一般的配色方法有两种。

① 主料和配料颜色基本一致。

② 主料和配料的颜色迥然不同。在这一点上，菜肴色泽的搭配变化无穷，是充分发挥想象力的大好时机，能想到多少，就能创造出多少色彩调和的菜肴。

2. 滋味

通常所说的菜肴的"味"，事实上并不仅仅是指人的味觉器官所感觉到的甜、酸、苦、咸等味道，而是指菜肴的总的滋味。滋味包括菜肴的香味、味道及质地。

人们习惯称食物的质地为"口感"。在为菜肴配料时，除了应注意选择质地相配的原料外，还应考虑到烹调方法的要求，这样才能提高菜肴的质量。质地相配并不是指选择质地相同的原料，相反，要尽量避免这种情况。

3. 形状

食品原料的形状不仅影响菜肴外形的美观程度，而且直接影响到烹调质量。形状配合的一般原则是相同形状相互搭配，但也不是一成不变。有的菜肴需要有特有的配形，如原料切成球形、花形、扇形等，这样的情况，主料与配料就不能以同形相配，但有些原料在外形上是不需要加工的，如豆芽。设计菜单时应注意到菜与菜形的配合，做到有片、有块、有丁、有丝，避免雷同。

4. 温度

菜肴的温度对于菜肴本身的吸引力十分重要。热汤就应该热气腾腾、香气扑鼻；冷菜则一定要冷脆新鲜。温度对比也十分重要，在炎热的夏天，菜单上也应有几道热的菜；同样，在寒冷的冬季，也要有几个冷盘。

5. 营养

食物是保证生命活动的必要条件，人们通过消化、吸收等过程，吸收食物中的营养，从而促进生长发育。现代生活已经发展到质量为先的时代，越来越多的人吃饭已经不是为了追求温饱，连品尝美味也已经显得不是那么重要了，更多的人需要的是从饮食中汲取更多的营养，这也是近几年药膳渐渐兴起的原因。作为经营者，要注意饮食搭配中的营养，吸引注重生活品质的顾客前来用餐。

如何设计出有营养价值的菜单是颇具挑战性的。设计菜单时要在整个菜单构思中突出强调菜单上的菜肴富有营养，并努力给顾客留下这样的印象，做到名副其实。

（三）设备条件和厨师技术水平

设备条件和厨师技术水平在很大程度上影响和限制着菜单菜式，不考虑这些，盲目地设计菜单，即使再好也无异于空中楼阁。

1. 根据设备水平相应制定菜单

在前面菜单的重要性中，曾描述过菜单影响着设备的选购，这一论点与现在所讲的并不矛盾。前者所考虑的是在餐馆开业准备期间菜单对于设备选择购置有指导意义；而后者所考虑的是在餐馆营业期间所进行的菜单设计。因此，菜单只能根据现有的生产设备和条件来进行设计。

2. 厨师技术水平

中餐对厨师的技术水平要求非常高。中国菜系众多，厨师也大多是擅长某一菜系菜品的制作，而非全才。另外，顾客对菜系与厨师籍贯的一致性看得很重。如果你想在北京开设一家经营粤菜的高级餐馆，那么厨师也应从广东或香港聘请。这并不是说只有广东人或香港人才会做粤菜，一个北方厨师很可能也做得一手好粤菜，但顾客却未必认可，这种消费观念一时很难改变。这样，厨师的技术水平就成为菜单设计不得不考虑的问题。有什么菜系的厨师，就只能先制定相应菜系的菜单。

3. 操作速度

操作速度并不是指厨师的技术熟练程度如何，而是指厨房的生产能力。一些比较流行，或者一向比较受欢迎的菜品，要求一段时间内供应多，这时对厨房的生产能力和操作速度就是一个考验。因此在设计菜单时，一定要考虑这些菜品能不能做到同时服务。

4. 菜单上各类菜式之间的比例要合理

菜单上各类菜式之间的比例要合理，以免造成厨房中某些设备使用过度，而某些设备又得不到充分利用。除了考虑设备的利用情况外，合理的菜式比例也可以避免某些厨师负担过重，而另一些厨师闲着无事的情况。

（四）符合国家的环保要求和有关动植物保护法规

环境保护与可持续发展是当今社会的重要议题。菜品的制作应符合国家有关环境保护的制度和规定。不能为牟取一时暴利，将国家一、二级保护动物搬上餐桌。这样，不仅触犯了国家法律，而且也玷污了我国的饮食文化。饮食不仅体现了民族文化，也体现了一个民族的素质，要做一个有品位、有文化的文明经营者，让顾客在用餐的同时体会到的是浓郁的文化气息而不是庸俗的铜臭气。

二、筵席菜单设计的原则

筵席菜单可以是事先设计好的固定菜单，类似说明书一样，向顾客介绍筵席产品，也可以是预订筵席时根据顾客要求再确定内容的菜单。无论何种菜单设计，都要求设计者有较强的专业知识和适当的灵活性。在整个菜单设计过程中应遵循以下原则。

1. 体现筵席主题和特色的原则

筵席的主题不同，反映在菜单中，其菜式品种也不同，如婚宴要有喜庆的气氛，寿宴要有吉祥的氛围等。筵席菜单的设计要尽量体现饭店的特色菜式品种，以增强自身的竞争力，以"人无我有、人有我精"的态度推陈出新，设计出自己的特色菜肴。菜单在注意各类菜点搭配的同时，要不断更新，使顾客时时有新感觉，从而经常光顾品尝。如婚宴可以设计成"龙凤呈祥席""和和美美席""百年好合席""鸳鸯戏水席"；寿宴可以设计成"寿比南山席""五福临门席""延年益寿席"；商务宴可以设计成"天府之国席""鸿运当头席""祝君好运席"；朋友聚会宴可以设计成"八仙过海席""一帆风顺席""前程似锦席"；家宴可以设计成"平平安安席""天天大顺席""满堂春色席"等。不同档次的筵席，可将头菜的主料用来作为筵席的主题，如"海参席""鲍鱼席"等。另外，如果是全席，可将所选用的主要原料作为筵席的主题，如"全羊席""全鱼席""豆腐席"等。

2. 以消费者需求为导向的原则

设计筵席菜单时，要了解"顾客需要什么""顾客对菜品的期望目标有多大""怎样才能满足顾客的需要"等。不仅要考虑消费群体的消费水平，而且要把握市场需求，注重不同食客的禁忌和饮食习俗，制定出符合多数消费者需求的筵席菜单；并且随着季节的更替和饮食潮流的变化，随时更换新的菜式品种。

3. 数量和质量相统一的原则

筵席菜品的数量是指组成筵席的菜品总数与每份菜品的分量。一般来说，在总量一定的情况下，菜品的道数越多，每份菜的分量就越少；反之，道数越少，每份菜的分量就越多。因此，要根据筵席类型确定数量；要根据筵席的消费对象确定数量；要根据顾客提出的要求确定数量。菜单菜品的数量是相对的，但菜品的质量是绝对的，无论数量多少，都不能降低质量要求，应严格按照菜品质量标准制作。

一是根据筵席的不同档次，确定菜品数量。一般筵席菜品数量在18道以内，其中冷菜2～4道，约占10%，热菜6～10道，约占80%，小吃1～2道，约占10%，汤1道；中档筵席菜品数量在25道以内，其中冷菜4～6道，约占15%，热菜8～12道，约占70%，小吃2～4道，约占15%，汤1～2道；高档筵席菜品数量在30道以内，其中冷菜6～10道，约占20%，热菜10～15道，约占60%，小吃4～8道，约占20%，汤2～3道。

二是根据宾客的不同情况，确定菜品数量。如所宴宾客是体力劳动者、年轻人或者男士，在菜品数量上就要求比脑力劳动者、小孩、老人或女士多一些，这样才能满足他们吃得好和吃得饱的要求。还有，筵席中还讲究喜事逢双，丧事排单，婚庆要八，贺寿重九等。

4. 膳食平衡、注重营养的原则

满足不同人群营养需求是餐饮企业筵席菜单的未来发展趋势。因此在设计筵席菜单时，不仅要了解各种食品所含的营养成分，掌握不同人群每天对营养和热量的需求度，还应掌握选材方法及烹制技巧。要提高膳食平衡所需的各种营养素，要选择合理的加工和烹调工艺，要从顾客实际的营养需求出发设计菜品，以保证膳食平衡和营养丰富。这就要求厨师在菜品原料的设计中，要注意整个筵席菜品原料的荤素搭配，既要有富含高蛋白、高脂肪的肉类食品，也要有富含维生素的蔬菜、水果，并适当配一些豆类、菌类、笋类、薯类原料，尽量符合现代人的平衡膳食要求。

5. 原料高中低档搭配的原则

筵席中菜品的原料，一般随档次的增高，而更加讲究。一般筵席多用猪肉、牛肉、普通的鱼鲜、四季时蔬和粮豆制品，常有10%的低档山珍或海味充当头菜或主菜。中档筵席多用鸡、鸭、猪肉、牛肉、羊肉、河鲜、蛋奶、时令蔬菜水果和精细的粮豆制品，有25%的山珍和海味。高档筵席多用动植物原料的精华部分，山珍和海味约占45%。

在菜品的原料设计过程中，要注意一般筵席的冷菜、热菜、小吃的主料不能重复，只是冷菜中的主料和热菜中的某个菜品的主料可以重复；中、高档筵席的每个菜品主要原料都不能重复，以保证整个筵席选料的多样性。

6. 以价格定档次的原则

筵席价格的高低，是确定筵席菜单菜品档次高低的决定性因素，是菜单设计的根本原则。筵席价格的高低，直接体现在烹饪原料的选用和加工工艺上。设计筵席菜单时，应尽量选用本地产品或供应有保障的原料，以降低成本；并且必须充分掌握各种原料的供货情况，凡是列入菜单的品种，厨房必须做到随时保证供应。加工工艺、菜品的造型也影响到价格，价格高的，一般加工工艺较复杂，菜品的造型较精致，菜品的盛器也较讲究。

7. 以实际条件为依托的原则

厨房的设备条件和厨师的技术水平很大程度上影响和制约了菜单的种类。因此，在制定筵席菜单时还应考虑到厨房设备和厨师水平。餐厅不可能为了某一次宴会而购置大型设备，因此，菜单只能根据现有的生产设备和条件来进行设计。如果厨房中仅有中厨炉灶，就不应将西式牛排等菜肴列入宴会菜单中。

8. 菜品多样化的原则

由于筵席的菜品较多，菜单上的菜品要多样化，不要使菜品在口味、色泽、形态、烹调方法等方面雷同，满足顾客需要，同时也丰富筵席内容，使筵席品种丰富多彩。

9. 菜单制作艺术化的原则

菜单的设计除了上述原则外，还可以在菜单的外观制作上体现其艺术性，图文并茂，甚至配些名画名字，给人以赏心悦目的感觉，要让顾客把菜单当作一件艺术品，作为企业的宣传名片，提高企业的知名度，树立品牌形象。

三、筵席菜单设计的注意事项

1. 合理选用烹饪原料

在菜单设计时，要注意原料的合理选择和利用，要选用易于购买的原料；要选用时令性原料；要选用有地方特色的原料；要选用易于烹调加工的原料；要选用能够保持和提高菜品质量水准的原料；要选用易于储存且质量能保持的原料；要选用有多种利用价值的原料；要选用符合卫生要求且对人体健康无害的原料等。

2. 合理选择菜品品种

菜单的菜品很多，顾客对菜品的喜好有共性，也有特殊性。因此，在菜品的品种选用方面，应注意不选择大多数人不喜欢的菜品；不选用质量不好控制的菜品；不选用厨师不熟悉、不能操作的菜品；不选用重复性的菜品；不选用不利于饭店形象的菜品，应多选用一些具有地方特色、便于操作的菜品。

3. 合理确定菜品的味型

一般筵席冷菜、热菜、小吃的味型不能重复，只允许冷菜中的味型和热菜中的某味型重复。中、高档筵席，除了咸鲜味可重复5次左右，甜香味可重复3次左右外，其余的味型都不能重复，以确保整个筵席中菜品味型的多样性（汤和水果不在其内）。

一般来说，筵席中菜品的味型，会随档次的增高，而更偏重清淡和原汁原味。另外，从厨者在设计菜品味型的时候，还应当注意现代营养学提出的"低糖、低盐、低脂肪"等方面的要求。同时，还要考虑季节和地域，正所谓"春多酸、夏多苦、秋多辛、冬多咸"和"南甜、北咸、东辣、西酸"。

4. 合理确定菜品的烹饪方法

一般筵席多为家常菜式，制作简易，烹饪方法多为炒和烧。中档筵席多由地方名菜组成，调理精细，重视风味特色。高档筵席常配有知名度高的特色菜，注重原汁原味，花色菜品和工艺大菜占有很大的比重。

总的来说，菜品的烹饪方法会随筵席档次的增高，而更有难度。在整个筵席菜品的烹饪方法中，要求不能有两次以上的重复。其实，如果筵席菜品确定了原料、味型和上菜的顺序，就已基本确定了菜品的烹饪方法。如第二道酥香菜，多为炸、烤或烧烤，第三道二汤菜，多采用煮、烩等。

5. 确定菜品的器皿

一般筵席对器皿不是很讲究，冷菜多用圆盘，热菜多用条盘或窝盘，汤菜则用汤窝，不牵强别扭就行。中档筵席，餐具要求整齐，使整个席面显得丰满。高档筵席的餐具则要求华丽珍贵（镀金、镀银），整个席面恢宏、跌宕多姿，气势非凡。

较正规的筵席一般选用成套器皿，即一个颜色、一种花样，只是大小和形状不同。

6. 确定菜品的名称

一般筵席的菜名朴实无华，讲求实惠，多以主料或主辅料等命名。中档筵席的菜名比较雅趣别致，往往一般筵席和高档筵席的菜品命名都有体现。高档筵席的菜名典雅，文化气息浓郁，以意境或菜品的象征意义或美好的祝福等命名。

另外，不同性质的筵席，对菜品的菜名也很讲究，如婚宴的菜名要喜庆、甜美；寿宴的菜名要围绕"寿"等。

7. 确定菜品的上菜顺序

筵席中菜品的上菜顺序有几种，一般按"头菜—炸菜—汤菜—鱼菜—行菜—行菜—素菜—甜菜—座汤"的顺序。

也可按"头菜—炸菜—汤菜—素菜—行菜—行菜—鱼菜—甜菜—座汤"的顺序。

或者按"头菜—炒菜—炸菜—汤菜—素菜—行菜—鱼菜—甜菜—座汤"的顺序。小吃则是穿插在菜品中间。

另外，还要注意同一味型或相近味型（如糖醋味、鱼香味、荔枝味），不能衔接太紧，以便更好地体现筵席的"一菜一格，百菜百味"。

8. 确定主食、水果、茶水、酒水和饮料

主食，一是根据餐厅的实际情况而定，多为米饭，档次越高，所选用的米要求越好。二是根据宾客的特殊要求而定，如水饺、面条等。水果，多设计时令的鲜果，档次高的，则会选用贵的、少见的或者进口的。茶水，除了宾客有特殊的要求，多为餐厅自己准备。酒水和饮料，一般由宾客自点或自带。如果宾客没有特殊要求，在设计菜单的时候，需要根据筵席的档次和人数，把酒水和饮料考虑进去。

9. 确定制作厨师

一般筵席的技术含量不是很高，可由初、中级厨师制作。中档筵席较为讲究，多由中、高级厨师制作。高档筵席由于选料精，工艺性大，往往需要高级厨师或技师制作，以确保筵席质量。

10. 确定餐厅的实际情况和宾客的特殊情况

餐厅的经营特色、货源情况、技术力量、宾客的国籍、民族、宗教、职业、年龄、性别，以及体质、偏好、忌讳等，这些在具体的筵席菜单设计中都需要考虑进去。

11. 准确掌握菜品成本与售价

成本关系到就餐者及餐饮企业的利益，因此熟知不同菜肴的成本是菜单设计者必须掌握的基本技能。每道菜肴的烹饪原料从选购到加工成菜，过程中都会存在损耗或者增多，菜单设计者只有掌握每道菜品的成本才能够最后确定筵席菜单的定价。

12. 合理安排菜品数量

高规格筵席菜品以"粗菜细作、细菜精作"为主，数量不宜过多，以体现"精"的效果；低规格筵席每份菜肴的分量要足，口味要正宗，菜肴数量一般较多。根据筵席规格的高低，菜品数量一般为12～20道不等。并且要注意的是，菜肴品种少的筵席，每道菜肴的分量要充足；而菜肴品种多的筵席，每道菜肴的分量可相应减少。

总的来说，筵席菜单的设计，绝不是几个菜品的简单拼凑，而是一系列食品的艺术组合，是要讲究方法的。一张有名的筵席菜单，便是一件艺术品。

■ 思考题

1. 什么是筵席菜单？有哪些种类？
2. 筵席菜单的内容有哪些？有什么作用？
3. 筵席菜单设计的原则是什么？

项目 3
筵席的设计与开发

◎ **学习目标**

本项目重点了解和掌握筵席的设计原则和要求;掌握筵席设计的注意事项;根据我国筵席现状,研究筵席的开发等问题。

◎ **学习重点**

1. 筵席的设计原则和要求
2. 筵席设计的注意事项
3. 筵席的开发

任务 1　筵席的内容设计

◎ 任务驱动
1. 筵席内容设计的原则和要求
2. 筵席内容设计的注意事项

◎ 知识链接

筵席是一种综合性的高层次的餐饮活动，与普通的餐饮活动相比，更具有多功能性、文化性和个性化的特点，因而筵席场景如同戏剧演出的舞台，也需要明确主题，突出个性，彰显文化特色，烘托气氛而给消费者以吃以外的更高层次的心理满足。传统筵席设计对主题的表现一般是通过菜单设计、菜式品种的差异和台面设计等来实现的。而在现代饭店的主题筵席设计中，要运用现代化的手段和方法、渠道来创造气氛，营造环境。

一、筵席内容设计的原则

1. 规范化与标准化

无论是何种类型的筵席，专业化的内容都是不可或缺的，在求新求变的同时不能脱离内容的专业化、标准化，如同散文写作中的"形散神不可散"。诸如准确到位的服务程序、适当合理的菜肴定价、高效的服务管理、热情真诚的服务态度等要始终贯穿于整个筵席过程中，再以此为基础，突出主题特征，才能使得筵席相得益彰、锦上添花。

2. 主题鲜明

筵席不是盲目举办的，每次都有一个鲜明的主题，然后围绕整个主题来选择菜肴风味、举办场所、灯光音乐、服务方式的表现形式和就餐环境的装饰布置等。例如，北京长城饭店为美国商务顾客举办的著名的"丝绸之路"筵席。根据顾客的需求，设计创造出了以天山图案为背景，以三条黄色装饰的宽敞通道象征丝绸之路，伴有新疆舞蹈演员载歌载舞的表演，并设计了16张美观、大方、舒适、典雅的筵席台面，完美地体现了筵席主题，烘托了意境，从而创造出了使顾客满意的筵席主题场景和优质服务，收到了使顾客"永生难忘"的效果。

3. 注重创新

在市场竞争中，只有不断创新才能给顾客以新鲜感，才能在行业竞争中独树一帜，成为被模仿和追逐的对象。创新源于对顾客需求的满足，筵席内容的创新可以从筵席的环境、菜肴的组配、服务的方式等方面体现出来。对于筵席而言，内容的创新要立足于主题，围绕主题进行细节设计，但是创新要充分考虑宾客的品位和审美，以得到对方的认可，做到新、奇、雅，但不能过俗，要体现创新中的文化内涵和特色，如婚宴的喜庆、家庭筵席的温馨等，只有把握不同的主题并借助于一定的服务方式才能出奇制胜。

二、筵席内容设计的要求

筵席内容设计的关键在于圆满地完成一定的筵席任务要求，寻找和构造一个最佳的实施方案。因此筵席开发必须在符合科学化、规范化、标准化、审美化要求的轨道上运行。

1. 确立科学的筵席饮食营养观

应该毫不避讳地承认，在中国传统筵席中，讲究筵席饮食营养几乎没有立足之地。尽管古人也曾提过："安身之本，必资于食……不知食宜者，不足以存生也"（《千金方》）；"人之可畏者。衽席饮食之间。而不知为之戒。过也"，每宴时必"恣口腹之欲。极滋味之美。穷饮食之药……安能保合太和。以臻遐龄"（《寿世保元》），然而并未引起世人的重视。时至今日，这种状况并没有改进多少。凡宴必由山珍海味铺陈于席、暴饮暴食、纵欲行乐、不讲营养、不讲卫生的现象并不鲜见。这种状况的根本改变有赖于多方面的共同努力。对于筵席开发而言，必须牢固确立科学的筵席饮食营养观，以中国饮食养生理论和现代营养学科学理论指导筵席饮食结构的编排、烹饪操作和食制选择，大胆摒弃不科学的传统糟粕，真正将筵席开发纳入科学营养的轨道，使其健康地发展。

2. 强化筵席生产的规范化

经筵席设计产生的筵席实施方案，一旦审定，对于生产服务过程而言便是具有高度约束力的技术性文件，这是设计赋予的职能。现在的筵席设计依然存在着简单、含糊、不确定的现象，筵席生产与服务较随意、把握性较小、波动性较大。要改变这种情况，筵席设计应该从严要求，从宏观的角度设计，清晰地反映筵席生产与服务的结构关系、职能、责任目标、操作标准和实施方法，从而使筵席生产与服务的全过程既受既定的目标引导，也受约束和规范。

3. 树立定量化和标准化意识

欲使筵席生产服务过程规范化，就必须在设计过程中准确且明了地指示出与此相关的各方面操作及实施的具体细则，树立定量化、标准化意识，这样才能最终消除操作过程中各自为政、随心所欲的现象。例如，变更原料计划，不仅要有原料品种的名称、数量，还要标出具体的质量要求、购进时间、经费预算；设计筵席烹饪工艺，对切配而言要有每一道菜肴构成的原料名称、数量、比例、切配要求、组合形式和完成时间，对烹调而言要有每一道菜肴的烹调方法、味型、调味料数量、操作顺序、成菜标准和造型样式；冷菜、点心等制作也是如此，即便是初加工设计也应有定量化要求；筵席服务设计，要明确服务对象、程序、方法、设宴餐厅、台号、餐具选择、餐厅布置、上菜顺序、服务礼仪等多方面的内容；筵席营养设计，要根据不同的宴请群体确定营养素供给标准，计算营养素供给量，并根据平衡膳食、合理营养的原则做出评估……只有使设计的每一部分都落实到细处，即符合定量化、标准化的要求，筵席生产和服务的质量才能真正有保证。

4. 注重人性化和审美要求

筵席开发归根结底是为人的社会需要服务的。因此，应该把人们对美食的需要、卫生安全的需要、营养健康的需要、利益的需要、尊重的需要、文化的需要和审美的需要等体现在设计中，即体现人性化的特点。

在这些需要中，特别强调人们对筵席审美的诉求，这是因为筵席中存在着广阔的审美空间。例如，筵席主题的渲染美，餐厅环境装饰的舒适温馨美、餐厅格局台面布置的典雅实用美、菜品色香味形质美的展示，筵席进程运转流动的节奏美、服务员热情体贴的风度礼仪美的体现，以及筵席过程中游戏活动、观赏活动及特色活动的介入。在这广阔的审美空间里，应注重让人们的审美触觉可以自由地伸展，获取自己所需要的审美对象，并从中得到多重的审美满足。

三、筵席内容设计的注意事项

1. 满足目标顾客的需求

筵席需求和等级规格的高低是由举办者的宴请目的、宴请事由、主要宴请对象的重要程度、期望达到的筵席影响、主宾身份地位、举办者的筵席标准等诸多因素决定的。因此，筵席内容设计时必须满足目标顾客的需求，确保每次筵席都能根据目标顾客的需求层次和等级规格，提供质价相符、针对性强的优质服务。

2. 考虑生产经营因素

在设计筵席内容时，必须考虑本宴会厅工作人员的综合素质，选择一些能发挥其特长的服务活动，提高筵席的质量。同时，还要考虑服务场地的安排、布置、设施设备的局限性等。如在婚宴中，依托特色民俗文化，穿插"花轿迎新娘"或"情歌对唱"等民俗表演，能激发顾客的参与热情，从而获得可观的销售利润。

任务 2　筵席菜点的设计

◎ 任务驱动

1. 筵席菜点设计的原则
2. 筵席菜点设计的注意事项

◎ 知识链接

一、筵席菜点的构成

中式筵席的结构，有"龙头、象肚、凤尾"之说。它既像古代军中的前锋、中军和后卫，又像现代交响乐中的序曲、高潮及结尾。冷菜通常以造型美丽、小巧玲珑为开场菜，起到先声夺人的作用；热菜用丰富多彩的佳肴，显示筵席最精彩的部分，饭、点、菜、果则锦上添花，绚丽多姿。

中式筵席菜点的结构必须把握三个突出原则和组配要求：在筵席中突出热菜，在热菜中突出大菜，在大菜中突出头菜。

（一）冷菜

冷菜又称"冷盘""冷荤""凉菜"等，是相对于热菜而言。冷菜的形式有：单盘、双拼、三拼、什锦拼盘、花色拼盘带围碟。

（二）热菜

热菜一般由热炒、大菜、头菜等组成，它们属于筵席的"躯干"，质量要求较高，将筵席逐步推向高潮。

1. 热炒

热炒一般排在冷菜后、大菜前，起承上启下的过渡作用。

2. 大菜

大菜又称"主菜"，是筵席中的主要菜品，通常由头菜、热荤大菜（山珍、海味、肉、蛋、水果等）组成。成本占总成本的50%～60%。

3. 头菜

头菜是整桌筵席中原料最好、质量最精、名气最大、价格最贵的菜肴。通常排在所有大菜最前面，统率全席。

4. 热荤大菜

热荤大菜是大菜中的主要支柱，筵席中常安排2~5道，多由鱼虾菜、禽畜菜、蛋奶菜及山珍海味组成。它们与甜食、汤品联为一体，共同烘托头菜，构成筵席的主干。

（三）甜菜

甜菜包括甜汤、甜羹，泛指筵席中一切甜味的菜品。

（四）素菜

素菜在筵席中不可缺少，品种较多，多用豆类、菌类、时令蔬菜等。通常配2~4道，上菜的顺序多偏后。

（五）点心

点心的特色是：注重款式和档次，讲究造型和配器，玲珑精巧，观赏价值高。

点心的安排是：一般安排2~4道，随大菜、汤品一起编入菜单，品种多样，烹调方法多样。一般穿插于大菜之间上席。

（六）汤菜

汤菜的种类较多，传统筵席中有首汤、二汤、中汤、座汤和饭汤之分。

（七）主食

主食多由粮豆制作，能补充以糖类为主的营养素，协助冷菜和热菜，使筵席食品营养结构平衡，全部食品配套成龙。主食通常包括米饭和面食，一般筵席不用粥品。

（八）饭菜

饭菜又称"小菜"，专指饮酒后用于下饭的菜肴。

（九）辅佐食品

1. 手碟

在筵席开始之前接待宾客的配套小食，如水果、蜜饯、瓜子等。

2. 蛋糕

蛋糕主要是突出办宴的宗旨，增添喜庆气氛。

3. 果品

用鲜果制作果盘，如"一帆风顺"等。

4. 茶品

筵席中茶的选用应注意以下两点。一是注意档次；二是尊重宾客的风俗习惯，如华北多用花茶；东北多用甜茶；西北多用盖碗；长江流域多用青茶或绿茶；少数民族多用混合茶；接待东亚、西亚和中非外宾宜用绿茶；东欧、西欧、中东和东南亚宾客宜用红茶；日本宾客宜用乌龙茶，并行茶道之礼。

二、筵席菜点设计的原则

1. 突出筵席主题

筵席主题不同，筵席菜点的形式也不同。筵席菜点的形式是指构成筵席的菜点种类、特点、结构、造型、菜名以及服务方式。因此，必须根据筵席的主题，设计菜点，突出筵席主题。

2. 了解顾客对筵席菜品的目标期望

顾客举办筵席的目标期望各不相同，有的讲究菜品的品味格调，有的追求菜品丰足实惠，有的意在尝鲜品味，有的注重养生营养等。要通过筵席菜点的设计，满足顾客所需，增强菜品对顾客的吸引力，实现顾客对筵席菜品的目标期望。

3. 了解顾客的饮食习惯、喜好和禁忌

出席筵席的顾客各有不同的生活习惯，对于菜点的选择，也各有不同的喜好。例如，在同一个地区的人，既有共同的饮食习惯、喜好和禁忌，但也因职业、性别、体质的不同而有差异。对于不同地区的人而言，口味喜好的倾向性差异较大，如川湘人喜辣，江浙人偏甜，广东人尚淡，东北人味重。不同民族与宗教信仰的人饮食禁忌各有不同，例如回族人禁食猪肉；佛教徒食素忌荤等。因此，在设计菜点前要了解这些情况，把顾客的特殊需求和一般需求结合起来考虑，兼顾筵席主要顾客与一般顾客的需要，这样筵席菜品的安排才会更有针对性，效果更好。

4. 确保盈利

确保盈利是指要始终将盈利目标贯穿到筵席菜单设计中去。要做到双赢,既让顾客的需要从菜点中得到满足,利益得到保护,又通过合理有效的手段使菜点为企业带来应有的利润。

5. 合理安排菜肴品种和数量

筵席的数量是指组成筵席的菜肴总数与每道菜肴的分量。菜肴的数量是筵席菜肴设计的关键,数量合理令顾客既满意又回味无穷。筵席菜肴的数量与筵席档次和顾客特征挂钩,筵席档次高,菜肴数量越多,每份数量相对较少;如顾客以品尝为主,则要求菜肴的整体品种数量相对较多,分量较少。

6. 菜肴命名应具有情趣和文化性

菜肴命名十分重要。好的菜名不仅一目了然,还可使顾客产生联想,引起食欲,起到画龙点睛的作用。菜肴命名一般有以下方法。

(1) 主料前加调味品命名　例如"糖醋里脊、咖喱牛肉、黑椒牛排、茄汁虾仁"。

(2) 主料前加烹调方法命名　例如"滑炒鸡丝、白灼基围虾、南煎丸子、拔丝酥黄菜、蚝油牛肉、大煮干丝"。

(3) 主辅料配合命名　例如"腰果鸡丁、松仁鳕鱼、西芹鱿鱼、菠萝咕噜肉"。

(4) 主料前加人名、地名命名　例如"宫保鸡丁、麻婆豆腐、夫妻肺片、北京烤鸭、东坡肉"。

(5) 主辅料之间加烹调方法命名　例如"蛋黄焗南瓜、豉汁蒸排骨、紫苏焖田螺"。

(6) 主料前加烹制器皿命名　例如"铁板牛柳、小笼粉蒸肉、鱼香茄子煲"。

在筵席菜肴命名时,除运用以上的基本方法外,还应结合筵席特点为菜肴巧妙命名。如,为彰显婚宴气氛,可将菜肴命名为"百年好合""双喜临门"等新婚贺词;适合全家团聚的筵席菜肴可命名为"金玉满堂""全家福"等。

三、筵席菜点设计的要求

筵席通常由凉菜、热菜、汤、主食、点心、水果及酒水等组成。筵席菜点配伍是否恰当,对顾客的满意程度及酒店的营业额、利润都有直接的影响。筵席菜点配伍原则应掌握以下几点。

1. 掌握"六知"和"三了解"

六知即知台数、知人数、知主人身份、知筵席性质、知筵席标准、知开餐时间。三了解即了解顾客的特别要求、了解顾客的嗜好、了解顾客的习惯。

筵席设计前掌握好"六知"和"三了解",就能做到心中有数,如顾客每次来店消费额都很高,就不能推销低价菜;如顾客讲究排场,就要点造型好的菜式,如顾客赶时间的话,就要灵活应变,不要点制作方法比较复杂的菜式等。

2. 菜名吉祥、典雅

顾客到高级酒楼设筵,一般都具有喜庆、商谈、会友等性质。顾客赴筵的心情是愉快畅悦的,在点菜时给顾客推荐的菜名要吉祥典雅,若是喜庆筵席,菜名要体现喜庆的气氛;若是商务宴请,菜名要体现友谊及生意兴隆的特点等;若是寿宴,忌点牛肉、冬瓜、豆腐等菜式;菜肴多为双数,忌讳单数,但特殊情况例外,若是白事宴,通常点七个菜,忌点汤。

3. 注意季节变化及时令菜式

按一般的规律和习惯,夏秋季节天气热,人们喜欢清淡一点的菜肴,冬春季节天气较冷,则喜欢浓郁热汤类的菜式,如火锅等;夏天,一般制作冻的甜品或果汁、甘蔗水;冬天,制作热饮、热果汁。在菜肴上冬天宜点一些煲仔类菜肴或锅仔类菜肴,这样菜不易凉且暖和。

4. 注意形状的配套

菜肴主辅料的形状搭配要适宜,丁配丁,丝配丝,块配块。在整桌菜肴中也要考虑各个菜形的协调,如一桌菜不要点2个或2个以上的丁类菜。如西芹夏果炒鸡丁、金牌小炒皇出现在一张菜单里就不会很好。

5. 注意烹调方法的配套

组成一席菜要使用的烹调方法应选择多种。不同烹调方法可以使菜肴产生不同风味、不同形状。若只使用一两种烹调方法,菜肴的用料虽不同,但其色香味形会相似而显得单调。因此,力求菜式的烹调方法不要相撞,根据顾客的口味和原材料,灵活给顾客推荐多种烹调方法。比如菜单里已有香煎银雪鱼,就不需要再点一个香煎法国鹅肝或广式煎鱼嘴。

6. 赋予色彩的变化与荤素的搭配

一桌筵席所安排的菜肴色彩要协调,菜与菜之间的颜色要各有不同,菜肴的荤素搭配要合理。荤菜多了就会使人觉得腻口吃不动,素菜多了又会使人感到索然寡味,会冲淡筵席的气氛。一桌恰到好处的筵席应尽量推荐本店的特色菜及厨师的拿手菜,这样既能宣传本店的特色,也是一种扬长避短的好方法。比如一张菜单里有龙虾、乳猪、妙龄鸽等荤菜,就要搭配一些菌类、时蔬等菜肴。

7. 注重口味的整体配合

筵席菜肴的质量关键在于口味的配制，尤其在于整体口味的配合，所谓整体口味的配合，是指菜肴的本味分别具有酸、甜、苦、辣、咸、鲜等，在推荐菜式时，要注意运用菜肴的不同味型，尽量少重复为佳。比如点了阿一鲍鱼，一般不要推荐鲍汁土豆等口味类似的系列菜品。

8. 整体组合编列要协调、恰当

在制定菜单时，除了要掌握荤素兼顾、浓淡相宜、营养搭配合理的原则外，还要注意菜单组合编列要协调、恰当，冷热菜、荤素菜的比例要合适。上席时，相同原料的菜肴要间隔上，相似形状的菜肴要间隔上，相似口味的菜肴要间隔上，使筵席具有层次感。这一点很重要，但也是管理人员很容易忽略的一点。

9. 注意菜肴分量、档次搭配

一般10~12人用的筵席点8~10道菜，热荤菜用中盘，鸡类点1只，乳鸽2~3只，以件计的菜肴每人1件，汤类要够每人分1碗，下酒的菜和下饭的菜肴搭配要适当。整桌菜的档次要搭配合理，如不能在鲍宴的筵席上清蒸福寿鱼等。一桌筵席里面，药材菜最多1~2道。婚宴或普通的聚餐，按件的菜肴（普通档次）可以多出2件，比如金牌蒜香骨，若10人用，可以出12件，否则一上桌，每人一件，盘子即空。主宾想多吃一件都没有。但档次高的元贝就不用多出，可以直接分到宾客骨碟里。

10. 根据顾客的就餐目的灵活推销菜式

商务宴请要突出菜肴的丰盛、大方得体。品尝宴要突出风味，以别具特色的地方风味菜为主。约会宴要突出菜肴的香、甜和味。便餐要比较经济实惠。聚会餐要求菜肴比较怀旧、整齐大方等。

四、筵席菜点设计的注意事项

（一）烹饪原料选择的注意事项

（1）选用市场上易于采购的原料，可降低因货源紧缺而无法出菜的风险。

（2）选用易于储存且质量可较长时间保持的原料，避免在长期存放过程中食材发生变质，一定程度上降低了筵席成本。

（3）选用易于烹调加工的原料，免去烦琐的加工程序，加快筵席的上菜速度。

（4）及时选购时令性原料，突出季节性，可以让食客品尝到当季最新鲜的食材。

（二）菜点组合的注意事项

（1）不选用绝大多数人不喜欢的菜品，可最大限度地满足顾客的饮食需求。

（2）慎用含油量大的菜品，以免过于油腻的菜肴影响食客的进餐。

（3）不选用质量不易控制的菜品，降低集体性食物中毒的风险。

（4）慎用色彩昏暗、形状恐怖的菜品，以免引起食客进餐过程中的不适感。

（5）不选用重复的菜品，可以让食客品尝到更加丰富的口味及食材。

（6）不选用有损利益与形象的菜品，注重品牌效应，培养顾客忠诚度。

五、筵席菜点设计的配伍要求

（一）冷菜类的配伍要求

1. 单碟的配置

单碟又称"独碟"，是指由一种冷菜装成的冷碟。单碟有元宝碟、平围碟、弓桥碟、条形碟、菱形碟等形式，一般用5~7英寸（1英寸=2.54厘米）的圆盘或腰盘盛装，每份的净料约100~150克。整桌筵席的技法、色泽、口味、原料避免重复，荤素搭配各半或荤多素少。单碟用于一般筵席，4~8道为一组，先于热菜上桌。在中高档筵席中，单碟要与主碟同上，则称"围碟"。

2. 双拼的配置

双拼又名"对镶"，是由分量相当的两种冷菜拼成的冷碟。这类冷碟在用料、形状和色泽上都应协调，还须讲究口味和质地的配合。味型丰富、色泽和谐、刀面协调、质地多变，是双拼的基本要求。双拼通常选用7~9英寸腰盘或长方盘盛装，盛器的规格统一。每盘用150~200克净料，一般是一荤一素。常用4~6道为一组，应用于中低档筵席中。

3. 三拼

三拼又称"三镶"，是由分量相当的三种冷菜拼成的冷碟。注重色泽、口味、质感和刀面的配合。盛器选用腰盘、圆盘，直径8~10英寸。每盘的净料在200~250克，三种原料大体均衡。三拼选料精，档次高，更讲究色、香、味、形、器、质的配合，多是4~6道为一组，应用于中高档筵席。

4. 什锦拼盘

什锦拼盘又称"什锦大拼"，是将多种类别、味型和色彩的冷菜拼制在一个器皿中的大型冷盘。刀面精细、构图匀称。盛器用腰盘、圆盘、攒盒等。什锦拼盘通常用8~12种冷菜，色泽、口味、质地要尽量错开，摆放呈中轴对称或中心对称，各部分都要切成相近的刀口，分量大体均衡，多用于中档筵席。

5. 花色拼盘

花色拼盘又称花碟、彩拼、工艺冷碟或看盘。它运用装饰艺术和精细的刀工在盛器中拼摆出山水、花鸟等图案，用12英寸以上的圆盘、腰盘、方盘或异型盘盛装。花色拼盘的设计包括立意、命名、选料、构图、定型等方面，必须与筵席的主题一致。原料的规格与工艺的难易应根据筵席档次确定。围碟是主碟的陪衬，一般用5~6英寸小碟盛装，拼装时根据主碟的要求确定造型。

主碟与围碟的配套，一般是一个主碟带4~8个围碟，高档筵席可以是一个主碟带8~12个围碟。评判标准是选题得当，图案新颖，寓意鲜明，刀工精细，用料丰富，搭配合理，色调和谐，造型生动，滋味多变，清洁卫生。一般来说，主碟以观赏为主或观赏与食用并重，围碟以食用为主。

（二）热炒大菜的配伍要求

1. 热炒菜的配置

这类热菜的用料多为动物性原料，取细嫩质脆的部分，植物性原料选用较少，热炒菜原料的形状较小，多为丁、丝、条、片、丁等形状，或剞过花刀的小块型原料。热炒菜的用量为300克左右。其盛器用8~10英寸的腰盘或平盘。热炒菜的烹调技法主要有爆、炒、炸、熘、烹等，菜肴的特点是成菜迅速、口味多样、口感脆嫩爽口。

在菜单设计时，要注意菜式多样化，各道菜肴要避免色、香、味、形、质上单调重复，特别是味型要有层次，一般2~6道为一组，在冷盘进行完后，上完头菜、大菜后再上，或者在冷菜进行完后上桌，先上热炒菜再上头菜、大菜。上菜时注意先后顺序，高档原料先上，中低档的后上；口味清淡的先上，醇厚的后上。

2. 头菜的配置

头菜，是指筵席席中规格最高的菜品，常用烤、扒、烩、蒸等技法制作，排在所有大菜的前面，统率全席。不少筵席的名称是根据头菜的主料命名的。如头菜是鲍鱼，就称鲍鱼席。头菜等级高，大菜和热炒菜的等级也高；头菜等级低，大菜和热炒菜的等级也低。

头菜在配置时要注意以下几点：① 头菜的主料应该是名贵原料或者是普通原料的优良品种，菜肴成本占热菜总成本的1/5~1/3。比如成本为800元的酒席，热炒菜的成本约为560元，头菜成本为120~180元，头菜成本不可过高或过低。② 头菜应与筵席的性质、规格、风味相协调。③ 头菜地位要醒目，盛器要大，如大盆、大盘、大碗等，一般在12英寸以上，适宜用整形原料制作或者用大件拼装，注重造型，装盘丰盛。

3. 热荤的配置

热荤多由鱼虾、禽畜、蛋奶类原料和山珍海味类原料制作，与素菜、甜菜、汤羹构成筵席正菜。

热荤菜的用料应根据筵席规格确定，要低于头菜。各道菜肴之间要搭配合理，原料、口味、质地和烹调技法避免重复，协调搭配。热荤菜的上菜顺序，通常是将炸烤菜置于头菜后面，再安排山珍海味或畜禽类和蛋奶类。

在热荤菜上菜中，可穿插1~2道点心或甜菜，然后安排素菜、鱼类菜和汤菜。热荤菜的制作可以灵活选用烧、焖、蒸、炸、氽、烩、扒等技法。热荤菜的分量每份750~1000克，整形热荤菜用量不受限制，越大越显气派。

4. 甜菜的配置

甜菜是指一切甜味菜品。品种较多，有干稀、冷热、荤素、高低的不同。甜菜的用料多选用蔬菜类、菌类、畜肉类、蛋奶类。高档的有燕窝等，中档的有火腿等。甜菜的制作方法主要有拔丝、蜜汁、挂霜、蒸烩、煎炸、冰镇等。甜菜应用于筵席中，可起到改善营养、调剂口味、增加滋味、解酒醒酒的作用。每桌筵席配甜菜1~2道。

5. 汤菜的配置

筵席的汤菜按中式筵席的整体结构划分，有首汤、二汤、座汤和饭汤等。其中，用作大菜的只有二汤和座汤。

（1）二汤　二汤发源于清代，因其在大菜中排在第二位，故名二汤，比如清汤燕菜等。二汤大多由清汤制作，使用头碗盛装。如果头菜为烩菜则二汤可以省去；如果头菜为烩菜，二菜为烧烤，那么二汤就后移到第三位。

（2）座汤　座汤是筵席中规格最高的汤菜，通常排在大菜的最后面，行业中称之为"压座菜"或"镇席汤"。有时可用整只的鸡、鸭、鱼、鳖等，有时用名贵配料，如虫草等。

（三）饭菜蜜果的配伍要求

1. 饭菜的配置

饭菜又称"小菜"，与冷碟、热炒、大菜等下酒菜相对，是指饮酒后用以佐饭的菜肴。这类菜肴多由节令炒菜与名特酱菜、泡菜、糟菜、风腊鱼肉组成，如乳黄瓜、泡菜、风鱼、青方等。饭菜2~4道为一组，常用4~5英寸小碟盛装，在座汤之后上席。筵席菜肴丰盛的，有的不配饭菜。

2. 席点和小吃的配置

（1）席点　席点即筵席点心。2~4道为一组，随大菜或汤品编排在各类筵席中。品种有糕、酥、卷、角、皮、包、饺等，常见制作方法有蒸、煮、炸、煎、烤等。筵席点心多运用分份式的形式，每份用量不宜过多。筵席点心的设计需要注意的是，一要与菜肴的质量相匹配，与筵席的档次一致；二要与筵席的形式相适应；三要考虑季节性；四要考虑与菜品之间口味、质地的配合；五要考虑席点形态的变化，筵席档次越高，点心越要做的精细，注意点心之间的合理搭配；六要按当地的饮食习惯安排上菜顺序，筵席点心既可以化整为零，穿插在大菜之间，也可以一同上桌。

（2）小吃 普通筵席一般不配小吃，风味筵席很重视。小吃大多排在大菜之后，充当主食。配置的小吃应当是当地名特品种，一般1~2道。

3. 果品的配置

筵席果品主要是指新鲜水果，一般经加工处理，拼摆成图案，每席配置1~2道，一般选用时令水果，清口开胃、解腻醒酒。

果品配置时根据筵席题材配置，比如寿宴配置蟠桃、百合、银杏等；喜庆筵席配置鸭梨、金橙等；婚宴配置红枣、桂圆、莲子、花生等。

4. 果脯蜜饯的配置

蜜饯产于南方，是由糖、蜜和中草药腌制而成，呈甜咸味或药味；果脯产于北方，多用糖水熬煮后烘干，上有糖霜，不带黏汁，呈甜酸味。配置果脯蜜饯，一般用3~4英寸小碟盛装，4道为一组，用于席前或席后。

六、筵席菜点配伍的步骤

筵席菜点的配伍设计通常有确定筵席设计的核心目标、确定筵席菜品的构成模式、选择筵席菜品和合理排列筵席菜品四个步骤。

1. 确定筵席设计的核心目标

筵席设计的核心目标是由筵席的价格、筵席的主题及筵席的风味特色共同构成的。设计筵席菜点配伍必须明确筵席的核心目标，待核心目标确定后，再逐一实现其他目标。

2. 确定筵席菜品的构成模式

筵席菜品的构成模式即筵席菜品的格局。现代中式筵席的结构主要由冷菜、热炒大菜和饭点蜜果构成。虽然各地的排菜格局不尽相同，但同一场次的筵席绝大多数是根据当地的习俗选用一种排菜格局。

确定筵席排菜格局必须根据筵席类型、就餐形式、筵席成本及规划菜品的数目，分出每类菜品的成本及具体数目。在此基础上，根据筵席的主题及筵席的风味特色定出一些关键性菜品，再按主次、从属关系确定其他菜品，形成筵席配伍的基本架构。

为防止筵席成本分配不合理，在选配筵席菜点前，可先按筵席的规格，合理分配整桌筵席的成本，使之分别用于冷菜、热菜和饭点蜜果。通常情况下，其成本比例大致为：10%～20%、60%～80%、10%～20%。在每组食品中，又必须根据筵席的要求，确定所用菜点的数量，然后，将该组食品的成本再分配到每个具体食品中去。每个食品有了大致的成本后，就便于决定使用什么质量的菜品及其用料。尽管每组食品中各道菜点的成本不可能平均分配，但大多数菜点能够以此作为参照依据。

3. 选择筵席菜品

筵席菜品的选择应分清主次详略。第一步考虑宾主的要求，凡答应安排的菜点，都要安排进去。第二步考虑最能显现筵席主题的菜点，显示筵席的特色。第三步考虑饮食民俗，当地同类酒席常用菜点，要尽量排上，以显示地方风情。第四步考虑筵席中的核心菜点，与筵席的规格、主题及风味特色等联系紧密。这些菜点确立后其他菜点就可以相应安排。第五步发挥主厨特长，推出拿手菜点或本店名菜、名点、名小吃。第六步要考虑时令原料、安排刚上市的土特原料，突出筵席的季节性。第七步要考虑货源供应情况，安排一些物美价廉而又便于调配花色品种的原料，以便于平衡筵席成本。第八步要考虑荤素菜肴的比例，不可忽视素菜的安排，让素菜保持合理的比例。第九步要考虑汤羹菜的配置，注重整桌筵席的干稀搭配。第十步要考虑菜点的协调关系，以菜肴为主，点心为辅。

4. 合理排列筵席菜品

筵席菜品选出之后，还须根据筵席的结构，参照筵席的售价，进行合理筛选或补充，使整桌菜点在数量和质量上与预期的目标达成一致。

菜品的筛选或补充，主要看所用菜点是否符合办宴的目的与要求，所用原料是否搭配合理，质价是否相称。对于不太理想的菜点，要及时调换。

任务 3　筵席原料的设计

◎ 任务驱动

1. 筵席制作对原料选用的原则和要求
2. 筵席原料选用的注意事项

◎ 知识链接

一、筵席选用原料的原则

1. 选用市场上容易采购的原料

筵席菜肴原料应选用市场上容易采购的原料，货源充足，便于采购，不易采购的原料最好不要选择或少选择，以保证采购方便，保证原料供应。

2. 选用易于储存和加工的原料

餐饮企业，特别是大型餐饮企业一次性采购原料较多，所以选用的筵席原料要便于储存，另外要易于烹调加工，以保证工作效率及出菜速度。

3. 筵席原料要能保持和提高菜肴质量水准

原料的质量在一定程度上决定了菜肴的质量，比如新鲜度、嫩度，质地老嫩，选材的部位等对菜肴的质量都有较大的影响。

4. 选用物美价廉且有多种利用价值的原料

菜肴的成本高低是决定筵席利润的主要因素，要选用物美价廉的原材料。原料还要选择有多种利用价值的，能最大限度地利用，做到物尽其用，降低损耗率，降低成本。

5. 选用的原料对人体健康无毒无害，没有安全卫生问题

为防止食品污染，食物中毒，原料的选择要做到无毒无害，没有安全卫生问题，要保证食品的卫生质量，以保护食用者的健康。

6. 不选用质量不易控制的原料

有的原料质量不易控制，每批次之间质量差异较大，或者特别容易变质的原料不要选择，否则容易导致菜肴质量下降或波动过大，影响餐饮企业的信誉。

7. 不选用顾客忌食的原料

提前和顾客沟通，了解顾客有哪些原料忌食，选择原料时尽量避免。

8. 不选用绝大多数人不喜欢的菜品

绝大多数人不喜欢的原料不要选择，以符合大多数群体的需要。

9. 不重复选用原料

在整桌筵席中要尽量避免原料重复，特别是主料，保证原料的多样性，口味的多变性。

二、筵席菜点原料的配伍要求

1. 随价配菜，讲究品种调配

随价配菜就是"质价相称""优质优价"。一般来说，高档筵席，原料精细，价格较高；普通筵席，原料粗糙，价格便宜。如果筵席宾客较少，价格又高，就应该多选好料精料制作高档菜肴。如果筵席顾客较多，价格又低，就应该安排普通原料，制作大众化菜肴，保证每位顾客吃饱、吃好。售价是原料选用配伍的依据，既要保证企业的合理收入，又不让顾客吃亏。

选用多种原料，适当增加素料的比例；名特菜品为主，乡土菜品为辅；多用造价低廉又能烘托席面的高利润菜品；巧用粗料，精细烹调；合理安排边角余料，物尽其用。

2. 因人配菜

因人配菜就是根据宾客的国籍、民族、宗教、职业、年龄、体质以及个人嗜好和忌讳，灵活安排菜式。

我国民族众多，幅员辽阔，各地特产不同，口味不同，饮食习惯不同，筵席原料的选用也要不同。筵席菜肴原料的选择要特别注意顾客的民族和宗教信仰。比如汉族人有"南甜北咸、东淡西浓"的偏好。体力劳动者喜爱浓厚，脑力劳动者喜好清淡，老年人喜欢软糯，孕妇喜欢酸味，年轻人喜欢酥脆。

3. 应时配菜，突出地方特产

应时配菜是指筵席选料要符合节令的要求。原料的选择、色泽的变化、口味的调配要根据气候不同而变化。

要注意选择应时当令的原料。原料的生长都有生长期、成熟期和衰老期，只有在成熟期的原料才能质地可口，滋味鲜美，最适宜食用。比如鲥鱼食用在端午前后，甲鱼是6~7月，鳝鱼是在小暑前后，鳜鱼在2~4月等。

4. 营养平衡

人们进行饮食主要是用来补充营养，调节人体机能。筵席在配置时要做到平衡膳食。所谓平衡膳食是人们从膳食中获得的营养物质与维持正常生理活动所需要的物质，在量和质上基本一致。

配置筵席原料，要多从宏观上考虑整桌菜点的营养是否合理，而不能单纯累计所用原料营养的含量；合理的膳食结构中，碳水化合物的含量应占总能量的60%～70%，脂肪的含量应占17%～25%，蛋白质的含量应占12%～14%；成人每日摄取的总热量应在2200～2800千卡。筵席膳食中也要供应相应的矿物质、维生素和纤维素。

5. 经济实惠

选料时尽量降低筵席成本，不能崇尚虚华，也不能造成浪费。原料的搭配应从节约的角度出发，争取以最小的成本，取得最好的效果。

6. 原料的选择应与产品风味相适应

主料、配料、调味料的选择根据产品烹制要求确定。选择原料的部位准确，用料合理，数量充足。

三、筵席原料选用的注意事项

1. 选料符合本地区人们的饮食风俗、饮食习惯、饮食爱好

不同地区的人们有不同的饮食风俗和饮食习惯，对食物原料的选择也有不同的要求，因此，筵席中原料的选择要尽可能符合当地居民的饮食爱好，选择顾客喜欢食用的原料，投其所好，会收到极大效果。

2. 根据不同性质筵席应用的特定需要与忌讳选择原料

由于筵席的主题性质不同，因此在选择原料的时候要注意筵席的主题性质，合理选用符合主题的原料，如婚宴，要选择喜庆红色的原料，不宜选用豆腐等白色的原料；老人寿宴要选用一些象征长寿的原料和比较容易咀嚼和消化的原料等。

3. 根据不同饮食风俗习惯和饮食禁忌选择原料

由于不同地区、不同民族、不同国家人们的饮食风俗习惯和饮食禁忌不同，因此，在选用原料时，要了解顾客的饮食禁忌，以免造成不必要的误会，甚至争端。

4. 根据应时原料的价格及特性选择原料

筵席原料的选择还要根据原料的价格和特性来有目的的选择，在开原料购物单时，要根据筵席规格的大小，选用市场合理的原料价格，不选用过低或过高的原料，以保证筵席的成本核算。

5. 正确处理好宴饮对象的共同喜好与特殊喜好的关系

设计筵席菜单前，还要了解顾客有无特殊喜好，如妇女儿童比较多，喜食甜食；四川人比较多，喜食麻辣。

6. 原料选择的数量安排要合理

筵席原料数量的选择要和就餐的人数相适宜，菜肴的数量要合理，同样，一道菜的数量也要合理，数量过少，不够食用，数量过多，造成浪费，特别是一些高档的原料，在数量上要少而精，以满足顾客的需要。

7. 地方风味特色和季节性要鲜明

筵席的原料特色还要体现季节性，也就是菜肴的时令性，要根据季节的变化，选择当时季节盛产的原料，选用当地的特色原料，体现地方特色，体现地方的饮食文化，满足顾客对地方美食的需求。

8. 菜品原料的搭配体现多样化的要求

筵席原料的选择还要体现多样化，除非是一些全席，一般筵席，要注意原料尽可能不重复使用，便于原料在色彩上的搭配、质地上的搭配以及形态上的搭配，有利于筵席的效果。

9. 整桌菜点体现合理膳食的营养要求

在现代讲究合理营养的状态下，还要注意筵席菜肴的营养搭配，特别是一些食疗保健菜肴，更要选择合适的，符合菜肴要求的原料，以保证筵席的合理膳食要求。

10. 烹饪原料能保证供应，便于烹调操作和接待服务

筵席原料的选择，还要考虑到便于烹调操作，方便加工，及时运用，对那些加工较复杂、费时费力的原料，在不得已的情况下，尽可能少用。

任务 4　筵席的风格设计

◎ 任务驱动

1. 筵席风格设计的原则和要求
2. 筵席风格设计的注意事项

◎ 知识链接

一、筵席风格设计的原则

1. 要体现经营理念

如今,在激烈的市场竞争中,餐饮企业都越来越讲究经营理念和服务理念,而理念通过风格可以得到展示,从而有利于顾客识别。因此,筵席风格设计要遵循体现餐饮企业经营理念的原则。例如,国外一些"绿色"筵席,不仅以经营"绿色"食品为主,而且整个筵席的环境、服务用品也是"绿色"的:餐厅内种植树木、竹林、种花养鸟;地面采用可再利用的花岗岩;墙面采用无污染的材料或天然材料进行装饰;餐桌、餐椅的材料部分取自报废船只的地板;厨房设备采用绿色家电等。

2. 要体现特色

筵席风格的特色,不但体现在菜肴、点心和自配饮料上,也体现在环境风格上。饭店可以采用特定的环境风格来体现筵席特色。

二、筵席风格设计的要求

1. 装饰风格与筵席主题协调一致

现代筵席种类很多,按照筵席风格,菜式可分为中式、西式、中西式合璧;按照筵席的主题和性质可分为庆祝、商务、迎宾、民俗风情、怀旧复古、节日等。

现代筵席装饰风格也很多,有中国的传统风格、地方风格、各少数民族风格;有西洋的古典风格、中世纪风格、现代风格;有日本、韩国、印度、伊斯兰风格;此外,还有各种乡村风格、海岛风格、农家小院风格等。但是只有将筵席环境的装饰风格和筵席主题、筵席经营风味结合起来,保证协调一致,才能创造出有特定意境和特色的装饰环境,适应市场需求。

2. 风格独特与经济适用相结合

适用、经济、独特是筵席风格设计的基础。首先,筵席风格设计必须适用。适用就是要从不同的功能需要出发,根据顾客的活动规律、心理特点、消费习惯来制定设计方案,做到筵席风格舒适典雅、美观大方、安全方便,具有独特的风格。其次,风格设计在保证功能需要和个性特色、美观效果的前提下要尽量少花钱,多办事。由于筵席市场需求和消费时尚瞬息万变,筵席装饰布置必须不断创新以迎合顾客求新、求奇的心理,所以,筵席风格设计和美化布置必须适用和经济相结合,为获得更多的经济效益创造条件。

三、筵席风格设计的注意事项

1. 应以文化为载体

"文化是明天的经济"。文化搭台，经济唱戏——揭示出未来经济的特点。筵席是餐饮产品的竞争、服务的竞争、管理的竞争、风格的竞争，更是文化的竞争。风格设计以文化为载体，将美食环境与文化联系在一起，给人以无限遐想的空间，从而起到烘托气氛、衬托主题的作用。如某酒店在"六一"国际儿童节筵席上将宴会厅风格布置成童话场景，利用孩子们熟悉的动画或童话故事为背景来装饰餐厅，很好地满足了儿童的"审美标准"。

2. 要满足顾客需要

满足顾客需要是筵席服务的核心，也是筵席风格设计与管理的一个重点。筵席的风格设计与氛围营造必须符合顾客的审美需求和实用需要，因此筵席风格设计人员必须树立顾客导向意识，与筵席的举办者密切联系，充分了解对方的要求和意图，根据筵席的性质、规模、主题等有针对性地进行设计。

任务 5　筵席的成本设计

◎ **任务驱动**
1. 筵席成本设计的原则和要求
2. 筵席成本设计的注意事项

◎ **知识链接**

一、筵席成本设计的原则

为了规范筵席成本控制的过程，充分发挥筵席成本控制在管理中的作用，筵席成本设计必须遵循以下几条原则。

1. 遵守财经制度，规范成本开支标准

成本设计是一项重要的会计管理工作。在进行具体设计时，必须严格遵守国家财经制度和纪律，一切筵席成本开支应与国家财经管理部门规定的成本开支范围保持一致。对于与筵席成本无关的各项开支，一律不得列入，防止人为虚增成本、主观调节利润现象的出现。

2. 健全筵席成本核算原始记录

筵席生产经营过程的原始记录是直接反映其生产经营活动的原始资料。它较为直观地反映筵席在生产过程中原材料、人工、费用的情况，具有较强的真实性和客观性，是筵席成本控制过程中的第一手资料，是筵席成本设计工作的基础。

在筵席成本设计过程中，要注意利用已建立起来的原始记录反映体系，对筵席活动中发生的各项业务进行细致全面的记录，及时根据成本费用的变化动态，正确归类和集中相关费用，为后续的成本控制和核算提供有力的信息资料支持。

3. 专业核算与群众核算结合

专业核算群众化是指将筵席成本设计工作落实到每个人、每个岗位上。众所周知，筵席成本控制工作离不开广大员工和管理人员，如果没有群众的支持，筵席成本的专业核算只不过是空谈而已。同时群众核算又必须以专业核算为前提，也就是我们所说的群众核算专业化，这里专业化主要是指群众核算的科学性和目的性。在群众进行筵席成本核算时，同样是借助相同的会计核算原理对同一成本核算业务进行反应，两者有程度上的差异，而不存在本质的不同，这种筵席成本设计方式是民主理财的重要体现。

4. 定额管理，控制原材料成本

为了控制筵席生产过程中各项成本费用的消耗，建立定额管理制度成为降低成本消耗水平的又一途径。所谓定额就是企业管理者从企业内部实际消耗情况出发，结合行业整体水平而定出的一种具有挑战性的成本消耗数额或金额。它具有较强的先进性，是参与筵席成本考核、分析产品成本水平的重要依据。利用定额制度有利于调动生产、管理人员的工作积极性，实现多环节、全方位控制核算成本的目的，为防止筵席生产过程中乱领乱用、违规操作、盲目生产做科学的准备。

二、筵席成本设计的要求

1. 集中精力，抓主要成本

在原料采购方面，减少中间环节，供销直接见面，降低各项采购费用。为确保采购质量，应对供货商实行"宽严并济"的政策。每月定期报账结账，绝不拖欠，谓之"宽"；对于以次充好、缺斤少两的现象，少则罚十、重则罚百，谓之"严"。如若不服处罚，则终止供货关系。在内部管理方面，所有人员均不得与供货商建立私人关系，坚决杜绝回扣现象。对原料进行全面综合的使用，做到"刀下留钱"，即边角料也不浪费。

2. 加强内部管理，控制人工费用

权力下放，各部门实行工资总额包干制度，充分调动每位员工的积极性。借鉴"市场成本否定法"，强化人员管理，并将个人业绩与其利益挂钩，使广大员工明白：只有提高效率才有出路。在收入结构上，采取低工资、高奖金的办法，这样既考虑了筵席经营的季节性，又牢牢控制了成本，同时调动了员工的积极性。

3. 严格控制水电费用消耗

在筵席生产经营过程中，从办公室到操作和服务现场都一一分设水表和电表，实行责任包干制，做到滴水不漏、滴电不跑，把费用控制工作落实到最细微处。

4. 利用数理统计指标，科学控制消耗

营业收入的千分之三为损耗率，这是按数理统计正态分布规律而制定的标准。在客源分析上对婚宴、团体、会议等集体性质的餐饮活动进行全方位的分析，密切关注各类客源的升降动态，灵活调整营销策略，为成本控制服务。在日常检查时把重点放在垃圾桶的检查上，凡发现原料浪费现象，除在晨会上曝光批评外，还要进行经济处罚。在激励制度方面，做到赏罚分明。

三、筵席成本设计的注意事项

1. 加强日常核算，控制目标成本率

筵席目标成本率确定以后，就必须加强日常成本核算，及时检查和监督实际成本是否偏离目标成本，如果偏离成本，要查出原因，及时采取相应措施给予调整。日常成本核算的主要程序如下。

（1）宴会厨房当天需要直接领用的原材料（蔬菜、肉食、家禽、水果、水产品、海鲜等）必须在前一天下午采购，补货的必须在当天中午以前补齐，由厨房填制《市场物料申购单》，经厨师长审核后，交采购员按照要求组织进货，一联交收货组按采购单上的数量、质量要求验收，并由餐饮部派厨师监督验收质量，如不符合要求必须当天提出退货或补货。验收合格后填写《收货单》，每天营业结束后加计《收货单》，填制《厨房原材料购入汇总表》。

（2）宴会厨房到仓库领用的原材料（干货、调味品、食品等）由各厨房根据当天的需要填制《仓库领用单》，报厨师长审批后，凭单到仓库领取。仓库保管员审核手续齐全后，按单发货。每天营业结束后加计《仓库领用单》，填报《餐饮原材料领用汇总表》。

（3）每次宴会结束后由宴会厨房领班对存余的原材料、调料、半成品等进行一次盘点，并填制《厨房原材料盘存日报表》，由厨师长审核后进行汇总。

（4）宴会厅各吧台酒水员每天营业结束后根据《仓库领料单》和《酒水销售单》，填制

《酒水进销存日报表》。

2. 做好成本分析，减少浪费现象

计算出《餐饮成本日报表》后，分析筵席实际成本率（食品、酒水、香烟、海鲜等）是否与之前确定的目标分类成本率相符，如有偏差，应及时找出原因，并提出解决办法。如因菜肴配料不准而引起成本率较高，应做好厨房配料计量的监督和复核；如因原材料进价变动引起成本率偏高，应查明原材料进价变动是否正常，如正常应及时调整菜价；如原材料存货盘点不准和半成品计价有误，应及时纠正，制定正确的半成品计价标准；如人为原因造成原材料的损耗和浪费，引起成本率偏高，应对责任人给予适当处罚。同时对厨房的存货情况进行分析，对于存量较大、存储时间较长的原材料要建议厨房少进或不进。每周撰写筵席成本分析报告。

每周召开一次成本分析会议，由采购员、厨师长、宴会厅经理、财务经理参加，汇报在原材料采购、使用过程中存在的问题，在成本核算和控制中需要完善和加强的地方。对日常成本进行控制和核算，可以合理控制进货，防止原材料积压和浪费，提高原材料的利用率和新鲜度。同时可以及时发现问题，堵塞漏洞，减少浪费，杜绝不正之风，增加效益。

任务 6　主题筵席的设计

◎ 任务驱动

1. 主题筵席设计的内涵
2. 主题筵席设计的要求

◎ 知识链接

一、主题筵席设计的内涵

主题筵席是通过一系列围绕一个或多个主题为吸引标志，向顾客提供筵席所需的菜肴、基本场所和服务礼仪的宴请方式。主题筵席设计是围绕既定的主题来设计经营气氛，菜品、服务、色彩、摆台、装饰以及活动都为主题服务，使主题成为顾客识别筵席的特征和产生消费行为的刺激物。

主题筵席设计是筵席产品、服务、环境、管理以及营销等方面的创新，是提高筵席竞争力的体现。因此，在经营中努力创造出经营特色，是主题筵席特色经营的重要目标。它具有

以下特点：其一，筵席主题产品的独特性和服务个性化。如今主题筵席的竞争核心应是主题化、差异化、独特化，拥有鲜明的特色、高质量的服务和超前的个性化。可提供一般筵席无法顾及的特殊服务和特色的菜肴，避免了在整体市场上的无谓竞争；其二，目标顾客市场细分化针对性强。由于现代市场经济的高度发展，买方市场的全面形成和卖方之间市场竞争的日益激化，有厚利可图的市场越来越少，企业只有依靠市场细分来发掘未满足的市场需要，寻求有吸引力的、符合自己目标和资源的营销机会，才能在市场竞争中取胜。

主题筵席种类众多，筵席根据形式一般分为国宴、正式筵席、冷餐会、鸡尾酒会、茶话会。现代餐饮经营促销，筵席可供选择的主题是很多的，然而美食主题是餐饮所有活动所要表达的中心思想，它决定了餐饮活动对市场的吸引力。一般来说，可供选择的筵席主题大体可以分为以下几类。

（1）地域、民俗类主题　如地方风味主题活动：西湖印象、巴蜀风情、太湖船宴、梦幻漓江、壮乡民俗、韩国料理、阿拉伯风味、意大利风味等。

（2）怀旧、复古类主题　如西游宴、红楼宴、水浒宴、宫廷宴、射雕宴、仿唐宴、老上海宴等。

（3）原料、食品类主题　如西安泡馍宴、桂林米粉宴、海南花蟹宴、东莞荔枝宴、胶东海参宴等。

（4）节日、庆典类主题　如春节、情人节、圣诞节、中秋节、挂牌、店庆、婚庆、寿宴等。

（5）营养、养生类主题　如太极养生宴、黄帝内经宴、私房养生素宴、黑色保健宴等。

（6）娱乐、休闲类主题　如戏剧、时装、魔术、影视、游戏、健身等题材的筵席。

二、主题筵席设计的作用

（1）有效的主题设计，使客户满意度升高。在体验经济时代，顾客对筵席的功能有了更深层次的需求；功能性需求只是人们的基本需求，感觉上的满足才是高层次的需求。作为体验经济时代的产物，筵席创新的有效设计已成为实施客户满意工程，将客户满意度提高到一个新水平的重要手段和途径。

（2）有效的主题设计，提高了酒店赢利能力。将筵席赋予主题，为餐饮带来了特色，创造了天然优势，带来了利润。通过有效的主题设计，将主题文化融入筵席的各个层面。不仅在诸如装饰、装修等容易被模仿的有形设施上体现主题，更注重通过菜肴、服务、管理、情感等无形要素表现主题，形成酒店不易被模仿的独特的竞争优势，从而为酒店带来持续的竞争优势和盈利能力。

三、主题筵席设计

1. 筵席主题的开发

筵席主题的开发应深入研究主题文化,主题产生的方式多种多样,可以根据当地的文脉开发,比如广西南宁的壮乡铜鼓迎宾宴;丝绸之路、荒漠野餐、乔家大院等主题筵席。只要能够摆脱习惯思维,以独特的视角观察思考问题,深入研究主题文化,自然能产生构思新奇、与众不同的主题。

开发适合的主题是主题筵席成功的第一步,但一个成功的主题筵席不是创造出一个概念那么简单,要使主题名副其实,则要深入研究主题文化、设计主题元素并将其融入用于主题展示的软硬件中。另外,筵席主题开发应以需求导向出发选择主题,刺激目标市场的购买;密切关注竞争对手的经营动态,避免主题定位相似;筵席选题应与酒店整体特色相适应,避免酒店定位本末倒置;筵席选题应以美食主题为表达的中心思想,它决定了餐饮活动对市场的吸引力。

2. 筵席环境的营造应形成凝聚于主题文化的产品形象

主题筵席环境营造是为主题内容服务的,它必须依据筵席主题、挖掘文化内涵,将各主题元素融入筵席厅装饰风格、环境装饰、经营空间等硬件,以及服务过程、管理系统等软件中。并通过灯光色彩、墙饰标志、家具器皿、花卉盆景、窗帘服饰、台型变化、细节点缀、背景音乐等主题元素的组合,以及装饰的艺术化处理,创造艺术化的审美空间,形成凝聚于筵席主题文化的产品形象。

不管对于何种性质的主题筵席来说,环境设计首先要树立明确的顾客导向意识,只有认真地思考顾客的需要,才能有针对性地开发筵席产品,创造出令人满意的效果。其次,主题筵席的场景布置要突出主题,立意要明确。此外,在选择场地方面要科学,善于利用周围不同的环境,因势而成,善于造势。如商务宴请中要求雅致与高品位,注重保护顾客的隐私,创造一个良好的商务交往空间。最后,环境气氛的布置与点缀要合理,要围绕主题而选材。如在藏族特色主题筵席中,为了体现主题,给消费者以明确的主题感,在环境的布置中较多地运用了藏文化的元素,如经文、藏服、藏歌、锅庄等,同时也借用了颇具地方特色的物件,如挂件等,将雪域高原的神圣、独具特色的糌粑、青稞酒等场景以艺术的形式向外界传达,勾起人们的神往。

3. 筵席台面的创意应作为中心亮点来彰显主题文化及服务理念

主题筵席台面创意是主题筵席经营服务者根据筵席的主题、规模、档次、风格、环境、场地及顾客特殊需求等要求,精选或特制的布件、餐具、酒具、菜单及装饰用品,通过一定的艺术手法和表现形式,布置优雅大方、实用美观的就餐台面。

成功的主题筵席台面设计，就像一件艺术品，令人赏心悦目，画龙点睛烘托筵席文化主题及服务理念。

4. 筵席菜单设计应反映文化主题的饮食内涵和特征

菜单的核心内容，即菜式品种的特色、品质、菜名必须反映文化主题的饮食内涵和特征。这是主题筵席菜单的根本，否则菜单就没有鲜明的主题特色。如上海某餐馆策划编制的"红楼宴"菜单是以金陵十二钗平时食用的菜肴和补品为主料，结合书中人物不同的身份、性格和故事情节，配以不同的基色、调味，运用炸、烩、炒、蒸、炖、烤等烹饪技术融合而成。如热菜：妙玉品茶龙井虾、熙凤高谈茄子鳖、宝钗论酒食鸭信、探春油盐炒枸杞、可卿山药健脾胃、李纨敬老撕鹌鹑、迎春牛乳蒸羔羊。

筵席菜单策划应不断推陈出新，突出主题的单一性和个性化。菜单可以是地域的、民族的，也可以是人文的，还可以是特产原料的。

从技术的角度用丰富的技法突出特色。一桌丰盛的主题筵席菜单，其构成形式是丰富多彩的。它主要表现在原料的使用、调味的变化、加工形态的多样、色彩的搭配、烹调的区别、质感的差异、器皿的交错、品类的衔接等方面，只有这样，主题筵席才会有节奏感和动态美，既灵活多样、充满生气，又增加美感、促进食欲，这是主题筵席菜单获得成功的基本保证。

主题筵席菜肴需要特色服务的配合。筵席菜单设计不仅需要考虑选择筵席菜品，还要考虑到各种菜品延伸领域，如菜品的特色、服务对象、服务方式以及筵席主题各要素之间的协调性，对筵席菜品的出场顺序、出场方式、卫生安全控制以及筵席气氛渲染等要给予适当关注。

5. 筵席席间娱乐活动应与筵席活动巧妙结合

强化筵席主题文化内涵，娱乐形式与筵席活动相结合，一定要从总体出发，从目标顾客、餐厅的具体风格和情况去考虑，使娱乐强化主题，使顾客理解内涵。例如，香港迪士尼乐园酒店就以其丰富多彩的主题活动夺得"新人至爱酒楼婚宴最佳场地"大奖。新人可在酒店内多个景点拍照留念，留住他们大喜日子的奇妙欢欣；也可选择邀请迪士尼朋友参加婚宴及具有迪士尼色彩的娱宾节目等额外的婚礼安排项目，创造出只属于他们的独特婚宴。

6. 开展公共关系特色专题活动，塑造良好的主题筵席形象

配合酒店筵席的主题产品和主题活动，酒店还需要开展一系列别具特色的公关活动。北京长城饭店之所以能在激烈的竞争中立于不败之地，成为京城饭店的佼佼者之一，除了出色的推销工作和优质服务外，饭店管理者认为公共关系工作在塑造饭店形象上发挥了重要的作用。一提到长城饭店的公关工作，人们立刻会想到举世闻名的里根总统的答谢筵席、

北京市副市长证婚的95对新人集体婚礼、颐和园的中秋赏月和十三陵的野外烧烤等一系列使长城饭店声名鹊起的专题公关活动。此外，酒店还经常派人出国举行厨艺表演，宣传中国的食品，制作录像、幻灯片，并广泛收集世界各地饭店的信息为领导者作决策提供依据。然而，在网络化的今天，酒店还建立主题公共关系网站，充分借助网络的力量来宣传、推广自己的主题筵席产品和文化。

四、主题筵席创新应注意的问题

（1）酒店主题筵席创新应以多层次、多形式、多专题、多样化立意新颖的方式演绎主题筵席特色经营的文化和形象，增强企业竞争优势。

（2）酒店主题筵席创意的决策离不开信息，而信息的质量又影响着经营者决策的成功。酒店在信息来源、采集、输入、储存、处理、使用等方面应形成全方位立体交叉的信息网络，这样才能做到信息的广度、深度、时效性和准确性，从而保证较高的科学预测能力和科学决策能力。

（3）酒店主题筵席创意必须做一份细致、科学、缜密、可行的实施计划书。其包括以下内容：第一，计划书应分析主题筵席特色经营的产品或服务产品正处于什么样的发展阶段，它的独特性怎么样；第二，要对选择购买某一主题筵席产品这一行为的影响因素逐一细致分析，如深入分析目标顾客群的经济、地理、职业、年龄结构以及心理需求；第三，了解主题筵席分销产品的方法、产品的生产成本及售价，计划出开展广告、促销以及公共关系活动的地区及方案，明确每一项活动的预算和收益等细节问题，还要做好危机公关预案；第四，计划书要深入研究主题筵席的内涵和社会效益，分析其企业价值、市场价值、品牌价值和历史价值；第五，主题筵席特色经营实施的产品战略、服务战略、管理运作以及营销战略都要建立质量考核标准，并且要细化、量化。

（4）酒店实现主题筵席创新的关键，必须提高企业经营者的创新思维能力。人是创新的主体，也是创新文化的载体。"生命有限，智慧无穷"，每个人都蕴藏着巨大的潜能有待开发，关键是要有创新意识和创新冲动，所以培育创新文化，实质是变革人的观念和人的思维模式。特别是要着力培育有独到见解、不断开发新技术、新产品、新知识、新管理模式的创新型人才，因为他们是企业主题筵席创新文化和创新活动的积极推进者。

（5）酒店要提升主题筵席顾客消费的满意度，必须加强全体员工服务意识及特色主题文化知识的培训。主题筵席的服务主要是通过员工对文化的内涵掌握与运用来实现的，员工不仅要掌握一般的筵席服务技能，还要成为主题文化表现及产品传播的活载体；所以，酒店员工培训必须以主题文化为核心进行主题知识、历史典故、活动形式、顾客心理、菜肴内涵、服务礼仪、技能技巧等培训，建设一支学文化、用文化，能够在服务中体现和运用文化的综合性员工队伍。

■ **思考题**

1. 试述筵席菜点设计的基本要求。
2. 简述筵席风格设计的基本原则。
3. 怎样理解筵席成本设计的基本原则？
4. 筵席原料选用的原则是什么？
5. 筵席菜点原料的配伍要求有哪些？
6. 筵席原料选用的注意事项有哪些？
7. 筵席菜点配伍的原则有哪些？
8. 筵席菜点配伍的要求有哪些？
9. 筵席菜点配伍的注意事项有哪些？

项目 4
筵席的制作和开发

◎ **学习目标**

本项目重点了解和掌握筵席制作的人员要求和筵席的开发。

◎ **学习重点**

1. 筵席制作中的人员要求
2. 筵席的开发

任务 1　筵席制作的人员要求

◎ **任务驱动**

1. 筵席制作人员的素质要求
2. 筵席制作人员的技术要求

◎ **知识链接**

一、筵席制作人员的素质要求

1. 行政总厨的素质要求

①有强烈的工作责任心及高尚的职业道德。
②大专以上学历，受过专业技术训练、厨房管理以及营养方面的专业培训。
③外语中级以上对话水平。
④10年以上厨师长工作经验，有丰富的实际操作经验。
⑤精通厨房各工种的操作，具有国家级高级技师等级证书。

2. 中餐厨师长的素质要求

①有强烈的工作责任心及事业心。
②烹饪专业毕业，经过营养配餐的专业技术培训。
③中级外语水平。
④有5年以上厨师长管理经验。
⑤技师证书，掌握各种烹饪技术。

3. 中餐热菜领班的素质要求

①有较强的工作责任心，有一定的管理能力。
②烹饪专业毕业，经过营养配餐的专业技术培训。
③中级外语水平。
④5年以上中餐厨房工作经验。

4. 中餐热菜厨师的素质要求

①热爱本职工作，对工作认真负责。
②有中级中式烹调师证书。

③ 初级外语水平。

④ 3年以上中餐热菜工作经验。

⑤ 烹饪专业毕业，经过营养配餐的专业技术培训。

5. 中餐砧板厨师的素质要求

① 热爱本职工作，对工作认真负责。

② 有中级中式烹调师证书。

③ 初级外语水平。

④ 3年以上中餐砧板工作经验。

⑤ 烹饪专业毕业，经过营养配餐的专业技术培训。

6. 中餐冷菜厨师的素质要求

① 热爱本职工作，对工作认真负责。

② 有中级中式烹调师证书。

③ 初级外语水平。

④ 3年以上中餐冷菜工作经验。

⑤ 烹饪专业毕业，经过营养配餐的专业技术培训。

7. 中餐面点领班的素质要求

有3年以上中餐面点工作经验。其他素质与中餐热菜领班相同。

8. 中餐面点师的素质要求

与中餐面点领班的素质要求相同。

9. 西餐厨师长的素质要求

① 有强烈的工作责任心及高尚的职业道德，对工作认真负责。

② 受过专业技术、厨房管理以及营养方面的专业培训。

③ 中级以上外语水平。

④ 3年以上西餐厨师长工作经验，精通西餐烹饪知识，全面掌握西餐制作技法。

⑤ 在行业内有一定的知名度，具有国家级高级技师等级证书。

10. 西餐厨师领班的素质要求

① 热爱本职工作，对工作认真负责。

② 高中以上文化程度，烹饪专业毕业。

③ 中级以上英语水平。
④ 有5年以上西厨工作经验。
⑤ 有中级烹饪证书，经过营养配菜的专业技术培训。

11. 西餐厨师的素质要求
① 有强烈的工作责任心。
② 烹饪专业毕业。
③ 初级以上英语水平。
④ 有2年以上西厨工作经验。
⑤ 有中级烹饪证书。

12. 西饼厨师长的素质要求
① 熟悉西饼制作的基本技术和生产流程。
② 能操作西饼厨房的所有设备。
③ 热爱本职工作，对工作认真负责。
④ 中专以上学历。
⑤ 中级英语水平。
⑥ 有8年以上西饼工作经验，2年以上西饼厨师长工作经验。经过营养配餐的专业技术培训。

13. 西餐面点领班的素质要求
与西饼厨师长的素质要求相同，有5年以上西餐面点工作经验。

14. 西餐面点师的素质要求
① 具有强烈的工作责任心及高尚的职业道德。
② 高中以上学历。
③ 初级以上英语水平。
④ 3年以上西点工作经验。

二、筵席制作人员的技术要求

1. 行政总厨的技术要求
① 能根据企业要求制定筵席的菜单和厨房菜谱。
② 能制定各厨房的操作规程及岗位责任制，确保厨房工作顺利进行。

③ 能根据厨房原料使用情况和库房存货数量，制定原料订购计划，控制原料的进货数量。

④ 能签批原料出库单及填写厨房原料使用报表。

⑤ 能合理使用原料，控制菜品的装盘、规格和数量，保证菜肴质量，减少损耗、降低成本。

⑥ 能合理安排厨师技术力量，统筹各工作环节。

⑦ 能组织特色食品节，推出季节菜品，增加品种，促进销售。

⑧ 能了解菜肴销售情况，不断提高菜肴质量。

⑨ 能把好食品卫生关，贯彻食品卫生法规和厨房卫生制度。

2. 中餐厨师长的技术要求

① 能在行政总厨的领导下，主持中厨房的日常工作。

② 能协助行政总厨制定筵席菜单，根据季节变化不断创新菜品和特色菜。

③ 能监督菜肴质量，满足顾客对菜肴的要求。

④ 能督导厨师的菜肴技术操作。

⑤ 能监督厨师正确使用和维护厨房设备。

⑥ 能合理调配技术力量。

⑦ 能完成菜肴成本控制。

⑧ 能监督出菜顺序和速度。

3. 中餐热菜领班的技术要求

① 能全面掌握本菜系烹饪技术，了解其他菜系技术。

② 能协助中餐厨师长制定菜单，精通成本核算。

③ 能监督厨师按程序操作。

④ 能对所有原料到半成品、成品严格把关。

⑤ 能检查炉灶、冰箱等设备的运转情况。

⑥ 能合理调配本组员工，有培训本组员工技术和业务的能力。

4. 中餐热菜厨师的技术要求

① 能进行筵席菜肴的烹制，满足客人对菜肴提出的特殊烹饪要求。

② 能烹制各种特色菜。

③ 能制作当天所需半成品和补充各种调料。

④ 能检查烹调设备的使用情况。

5. 中餐砧板厨师的技术要求

① 能熟练完成各种原料的刀工工作。

② 能根据菜单熟练进行菜肴的配制。

6. 中餐冷菜厨师的技术要求

① 能进行卤水、冷菜、拼盘及水果盘的制作。

② 能根据每天任务情况，提前一天开出菜肴原料、水果、调料的用料数量。

7. 中餐面点领班的技术要求

① 能进行面点成本核算，协助厨师长制定中餐供应的面点品种和售价。

② 能完成各种面点及风味小吃的制作。

③ 能制定面点原料的采购计划。

④ 能根据季节变化及顾客的口味特点制作各式点心及风味小吃。

8. 中餐面点师的技术要求

① 能制作中式面点及风味小吃。

② 能控制点心成本。

9. 西餐厨师长的技术要求

① 能协助行政总厨制定西餐菜谱及菜肴价格。

② 能给厨师的工作进行指导和监督。

③ 能合理配备厨师力量、保证上菜质量和上菜速度。

④ 能监督、检查员工的劳动纪律。

⑤ 能监督下属严格按照程序操作。

10. 西餐厨师领班的技术要求

① 能监督、安排厨师的工作。

② 能监督检查厨师的个人卫生和劳动纪律。

③ 能监督厨房菜肴质量。

11. 西餐厨师的技术要求

① 能按照菜肴的投料标准投料和烹制西餐菜品。

② 能按照操作规程使用各种设备。

12. 西饼厨师长的技术要求

①能根据筵席情况安排厨房业务，管理生产过程。

②能监督部署完成业务工作。

③能率领部署员工认真钻研技术，不断提高西饼质量，创新品种。

④能管理西饼厨房原料、用品及设备。

⑤能保养西饼厨房的设备。

⑥能监督西饼厨房厨师严格按规定程序操作。

13. 西餐面点领班的技术要求

①能与西餐厨师长一起安排工作，提高菜品质量。

②能安排、督导部署的工作。

③能严把菜品质量关。

④能不断改进菜品质量、降低成本。

14. 西餐面点师的技术要求

①能根据菜单制作所需西点。

②能严格按照操作程序操作。

任务 2　筵席的开发

◎ 任务驱动

1. 筵席开发的原则和要求
2. 筵席开发的注意事项

◎ 知识链接

一、筵席开发的原则

筵席开发的原则主要有目的性原则、整体性原则、因席制宜原则、多样化原则、满意性原则和效益性原则等。

1. 目的性原则

目的性原则，即要求任一筵席开发都必须有明确的和必须实现的目标。作为一种特殊的社会交际工具，筵席被人们广泛地应用于国家政治与外事交往活动、社会生活、日常人际交往活动之中。人们举筵设席，都带有一定的目的性，为了满足各种各样的需求。为了满足这些目的和需求，筵席开发要根据不同任务要求，确定与之相适合的设计方针和总目标，确定具体分级目标，如成本与价格目标、菜点数量目标、质量目标、风味目标、营养目标、操作目标等，从而形成目标体系网络。

2. 整体性原则

在实际筵席开发中，有不少设计人员往往把开发的重点只放在菜单设计上，而不顾及其他方面。以此来说，一份只考虑菜点如何组合的筵席菜单，孤立地分析或许挑不出问题，但是若把它和外部环境联系起来分析时，却可能发现其中某些原料在本地市场上无法采购到；或是菜点的生产设备条件无法满足加工，或是厨师的操作水平实现不了；若把它和宴饮群体的饮食需求联系起来分析，又可能发现菜点口味与宴饮群体的期望相去甚远，甚至还和他们的饮食习俗或宗教信仰相抵触，显然这份看似不错的筵席菜单实际上是一个失败的设计。只考虑局部优化而不考虑整体协调的设计是有缺陷的，因此，在筵席开发中，一定要以整体性原则为指导，统筹规划，既要使各组成部分的设计优化，又要使整体的设计优化，实现和外部条件、筵席群体的无缝对接。

3. 因席制宜原则

因席制宜原则是指筵席开发要结合筵席任务的要求进行有针对性的设计。由于在实际筵席开发中，会面对不同的筵席任务、不同的宴饮群体，其需求是不尽相同的，企图用一成不变的设计去应对所有的筵席任务和宴饮群体，必然是行不通的。筵席是开放的系统，宴饮群体的需求在变化，外部的条件在变化，必然要以设计的相应变化才能与之相适应。因此，筵席开发就要以开放的姿态，适应变化的情况，具体筵席具体分析，使每一次设计都具有针对性，充分显现出设计的价值。

二、筵席开发的要求

1. 突出主题

筵席都有目的，目的就是主题。围绕宴饮的目的，突出筵席的主题，是筵席开发的宗旨。如国宴的目的是通过宴饮实现国家间相互沟通，友好交往，在设计开发时要突出热烈、友好、和睦的主题气氛；婚宴的目的是庆贺喜结良缘，设计开发时要突出吉祥、喜庆、佳偶天成的主题意境。根据不同的宴饮目的，突出不同的筵席主题，是筵席设计开发的基本要求。如果不了解东道主的宴饮目的，筵席设计脱离主题，那么轻者可能招致顾客投诉，重者可能会导致整个筵席失败。

2. 特色鲜明

筵席设计开发贵在特色，可从菜点、酒水、服务方式、娱乐、场景布局等方面来表现。不同的进餐对象，由于年龄、职业、地位、性格等不同，其饮食爱好和审美情趣也不一样，因此，筵席开发设计不可千篇一律。筵席特色集中反映为民族特色或地方特色。可以通过地方名特菜点、民族服饰、地方音乐、传统礼仪等，展示筵席的民族特色或地方风格，反映一个地区或民族淳朴的民俗风情。

筵席还应突出本酒店的风格特征。例如武汉猴王大酒店的"猴王宴"，突出《西游记》的文化特色；武汉的民营餐饮企业小蓝鲸酒楼的筵席始终贯穿"饮食讲科学、营养求平衡"的思想，筵席菜点的"营养科学"特色尤为鲜明。

3. 安全舒适

筵席既是一种欢快友好的社交活动，同时也是一种颐养身心的娱乐活动。赴宴者乘兴而来，为的是获得精神和物质的双重享受，因此，安全和舒适是所有赴宴者的共同追求。筵席设计开发时要充分考虑和防止如电、火、食品卫生、建筑设施、服务活动等安全事故的发生，避免顾客遭受损失。良好的服务是所有赴宴者的共同追求，构成了舒适的重要因素。

4. 美观和谐

筵席设计开发是一种"美"的创造活动，筵席场景、台面设计、菜点组合、灯光音响乃至服务人员的容貌、语言、举止、装束等，都包含许多美学内容，体现了一定的美学思想。筵席设计开发就是将筵席活动过程中所设计的各种审美因素，进行有机地组合，达到一种协调一致、美观和谐的美感要求。

5. 科学核算

筵席设计从目的来看，可分为效果设计和成本设计。前面谈到的四点要求都是围绕筵席效果来设计开发的。酒店筵席的最终目的还是为了盈利，因此在进行筵席开发设计时还要考虑成本因素，要对筵席各个环节、各个消耗成本的因素进行科学、认真的核算，确保筵席的正常盈利。

三、筵席开发的注意事项

1. 注重筵席开发的多样化

筵席开发的多样化是指筵席设计既要体现规律性、目的性，又要体现内容变化的丰富性、和谐性。用多样化原则指导筵席设计，能避免和克服开发的单一性。以筵席菜品为例，凡是吃过筵席的人都会感受到，丰富多样的菜点给人的印象是变化无穷、美不胜收，几乎没有人不喜爱这种多样化。不同菜点类别的变化和菜点具体品种的变化，必然引起在烹饪原料选用、刀工工艺、原料组合、烹调方法、风味特点、外观形式等方面的丰富变化，只有如此，才更容易为人们所喜爱、所接受，也才更有普遍的适应性。当然，筵席多样化并不意味着把设计开发搞得光怪陆离、混乱驳杂，它的最高准则是围绕主题展示丰富性，围绕风味特色展示多样性，有变化而又有规律性和目的性。

2. 注重既定目标的实现

任何筵席开发都有条件约束，根据不同筵席的要求，可以确定与之相适应的目标体系。然而这一目标体系的实现并不只有一种设计开发的可能性，换句话说，每一次宴会的开发设计，都可以构造出若干个开发设计方案。而另一方面，设计开发者往往期望能从最便捷的途径和用最简便的方法，寻找和构造出一个最佳最优的设计开发方案。在这种情况下，注重既定目标的实现，会为筵席的开发设计带来两个方面的好处：一是提供现实的终止依据，即一旦寻找并构造出一个满足开发设计目标状态的方案时，设计开发便大功告成，这样就可以避免不必要地、无止境地去寻找和构造若干备选方案的设计。如果这个设计开发方案尚有不足与缺陷，则加以修订，使之与设计开发目标状态相吻合。二是避免不现实的边际主义假定，即在需要比较几个设计方案的优劣时，可以防止人为地不切实际地吹毛求疵，只要其中有一个设计开发方案与设计开发目标状态相吻合，就可以把它认定下来，结束比较，或在其中挑选一个与设计目的相接近的，再进行补充和完善。

3. 注重筵席开发的效益性

筵席开发必须在充分考虑满足顾客需求的前提下，实现筵席经济效益与社会效益的最大化。筵席经济效益的基础在筵席菜单，筵席菜单的关键在设计。企业的筵席价格集中体现在筵席菜品的价格上，筵席经营成本则集中反映在筵席菜品成本上。因此，筵席菜单设计是控制筵席成本的首要环节。又因为筵席菜单是直接面向顾客的，顾客对筵席价格的理解是基于对筵席菜单价格的理解，所以，要让顾客能够接受筵席菜单，也就是接受筵席，并产生"物有所值"甚至是"物超所值"的印象，顾客就会成为筵席消费的常客，饭店筵席经营自然会兴旺起来，效益也会随之增加。

■ **思考题**

1. 筵席制作人员的素质要求有哪些？
2. 筵席制作人员的技术要求有哪些？

项目 5
筵席的组织和质量控制

◎ 学习目标
本项目了解和掌握筵席的组织过程和筵席制作中相关的质量控制。

◎ 学习重点
1. 筵席的组织工作
2. 筵席的质量控制方法

任务 1　筵席的组织准备

◎ 任务驱动
1. 根据筵席标准，制定筵席菜单
2. 根据筵席菜单，采购原料
3. 掌握组织工作中各环节的协调

◎ 知识链接

随着现代社会各种交往的增多，筵席的性质和主题都在不断地发生变化。饭店在接受顾客的筵席预订时，要清楚顾客举办筵席的重点是什么，即主题要明确，如婚宴、寿宴、朋友聚会、商务宴请、家庭小聚等。并问清楚顾客的具体要求，如筵席的参加人数、台数、时间、标准、横幅字画、音响、录像等要求，从而事先做好准备工作，有针对性地进行设计和开发，满足举办方的宴请目的。

菜点是筵席的主要内容，菜点的设计及准备的好坏直接影响到筵席的成败。因此，精心准备筵席菜点，能提高筵席的质量，给筵席带来良好的效果。筵席菜点的准备，首先是制定筵席的菜单，因此，筵席菜单的准备至关重要。

一、根据筵席的主题和标准制定菜单

根据筵席的主题和标准制定菜单是筵席菜点准备的开始，筵席的主题和标准是筵席菜点准备的依据。在制定菜单的过程中，要注意以下几个问题。

1. 了解和掌握筵席的目的，确定主题

筵席带有一定的目的性，在菜单制定的过程中要了解筵席的目的，这是制定菜单的前提。筵席的目的和主题是确定菜点品种准备的依据，因此，筵席菜点的准备要根据筵席的主题来确定，以烘托筵席的气氛，如婚宴，要突出喜庆的气氛，菜点要围绕喜庆的主题而精心准备。各种主题的筵席，都要有突出主题的菜点，要发挥专长，突出风味，特别是要选用一些有寓意的菜点，如婚宴的"龙凤呈祥""鸳鸯戏水"；寿宴的"延年益寿""步步登高"；团圆宴的"全家福"等菜点。

2. 了解和掌握筵席的标准，控制成本

筵席的标准是确定菜单规格的依据，要严格控制成本，掌握好毛利率，因此，要按照筵席的订餐标准来制定菜单，确定菜点的品种，要根据市场行情，合理安排原料及其搭配。无论是高档筵席，还是中档筵席或一般筵席，如果规格超出标准，筵席的成本就高，毛利率就低，利润就少，企业就要吃亏；如果规格低于标准，又影响到消费者的利益，因此要严格按照标准，控制好筵席成本。

3. 根据就餐者的情况，制定菜单

筵席的准备，首要问题是制定菜单。在菜单制定过程中，除了突出主题、掌握标准外，还要了解就餐者的基本情况。由于就餐者受到国籍、年龄、性别、风俗习惯、宗教信仰、消费层次等影响，因此在制定菜单中，要考虑到这些因素，如老年人要安排一些易于消化吸收的菜点，南方人喜欢甜食，四川、湖南人喜欢食辣等。同时，还要根据就餐者人数，合理安排菜点的数量。

4. 根据季节的变化，制定菜单

不同的季节，筵席中的菜品要求也不同。因此，筵席的菜单要根据季节而制定，如夏季炎热，菜点应以清淡、清爽为主，不宜砂锅、火锅之类；而冬季天气寒冷，应以味浓、暖色为主，如砂锅、煲类等。由于季节的变化，要考虑时令菜肴，如春季刚上市的各种蔬菜、野菜；秋季的螃蟹；冬季的羊肉等。因此，在菜单制定过程中，要充分考虑季节因素，制定出符合时令季节的菜肴。

在菜点准备过程中，除上述情况外，还要进行全盘考虑，要突出重点，发挥技术专长，显示独特的风味特色，注意菜肴之间色、香、味、形、器等的变化。

二、根据要求进行原料和物品准备

1. 原料的采购

菜单制定以后，要及时开出物料单。有些原料要根据库存情况合理采购，新鲜原料应当天采购，方便加工，不宜提前太早，防止原料变化；干货原料，应提前涨发加工，力求原料新鲜、卫生，达到便于使用、经济合理的要求。

2. 筵席场所的准备

筵席场所，即就餐环境。就餐环境应在就餐前一切准备就绪，就餐环境的准备是筵席服务的前提条件之一。就餐环境的布置，应根据就餐者的需要、筵席的主题以及现有的环境来布置，要求能突出筵席的主题气氛，色调协调、光线明亮、布置得当。要根据筵席的规模，合理安排筵席的桌次，要分清主次，字画、盆景、鲜花等恰如其分，庄重而大方，从而使就餐者心情舒畅。因此，就餐环境准备的好坏，会直接影响就餐者的心情。

3. 筵席的台面组织

筵席的台面组织,也就是筵席的桌面。大规模的筵席要根据要求做好台面的设计,要突出主题、主次分明、布局合理,便于行走,便于上菜和服务。台面的布置要突出主题,需要摆放座次卡和菜单牌的要提前做好,按照规格,依次摆好各种相对应的餐具,顾客需要特殊服务的要提前打听好,如残疾人、儿童等,查看酒具、餐具是否齐全,不能大小不一,检查公用物品是否短缺,如公勺、公筷、烟灰缸、牙签盅等,物件的摆放要标准、对称、协调、整齐,要使整个台面与筵席性质相吻合,给人清新舒畅、气氛热烈的感觉。

4. 主题筵席设计突出场景布置

筵席是一种综合性的高层次的餐饮活动,与普通的餐饮活动相比,更具有多功能性、文化性和个性化的特点,因而筵席场景如同戏剧演出的舞台,也需要明确主题,突出个性,彰显文化特色,烘托气氛而给消费者吃以外的更高层次的心理满足。传统筵席设计对主题的表现一般是通过菜单设计、菜式品种的差异和台面设计等手段来实现的。而现代饭店的主题筵席设计中,要运用现代化的手段和方法、渠道来创造气氛,营造环境。例如某酒店设计欧式鲜花婚宴时所做的场景布置:筵席厅各处都装饰漂亮的鲜花,铺设红地毯,设置心形气球拱门,悬挂新人的合影,周围以柔美的轻纱和鲜花装饰,整个婚宴因此而花团锦簇、美不胜收。同时,再结合现代化多媒体的手段,通过屏幕向来宾展示与新人有关的信息,令来宾目不暇接,感到美不胜收。

5. 突出台面和菜单的设计,呼应整体环境

与筵席厅或周围的就餐环境相比,台面与菜单的设计属于局部环境,但是局部环境是构成整体环境的一个部分,因而主题筵席的台面布置与菜单设计绝对不能忽视。在台面的布置中,除了利用台布、口布、餐具等必备器具和布件外,要充分利用插花手段和小件装饰物、食雕等来体现筵席的主题。如在婚宴中,常以火红的玫瑰、洁白的百合、逼真的火鹤花来体现新人的浪漫、幸福和美满。

此外,菜单的设计也是吸引顾客的一个重要方面。目前,菜单所选用的材质已远远超越了传统菜单的材质。纸、竹、木、石、绢等菜单选材多样,主要是根据筵席的主题选择与之相协调的材料,设计别致高雅新奇的造型,运用恰当的色彩与餐台相配套,针对筵席的性质对菜名进行包装设计,突出筵席的文化性质。如某酒店设计的中式喜宴菜单中运用了以下菜名:满堂喜庆、花好月圆、缘订三生、永结同心、东海游麟、金银玉带、海国鸳鸯、富贵腾达、心心相印、金鸡报喜、吉祥如意、珍珠玉露、花开并蒂,并在每个菜名后附上说明,增添了喜宴的氛围。

6. 加强服务设计，为筵席主题增光添彩

服务设计是筵席成功与否的另一个关键所在，英国女王伊丽莎白二世在1986年访问中国时，广东省政府在白天鹅宾馆举行大型的欢迎筵席，其中一道"金红化皮乳猪"上菜时，就是由"侍女"提宫灯在前面引导，身后跟着唐装服饰的两轿夫抬着装有"金红化皮乳猪"的轿子，后跟服务人员手托乳猪进场的服务方式，令外国宾客大为惊叹，收到了非常好的效果。突出主题，渲染主题，还要从服务人员的着装、仪容仪表、行走、站立、服务程序和规范要求等方面进行考虑，千万不能脱离主题，以免背道而驰。

任务 2 筵席制作过程的质量控制

◎ 任务驱动

1. 筵席菜点的质量要求
2. 筵席菜点的质量控制方法
3. 筵席质量控制的内容

◎ 知识链接

一、筵席菜点的质量控制

1. 筵席菜点的质量要求

（1）因意设计 意，就是指主人举办筵席的意图、目的。这是制定筵席菜单的根本依据。筵席如同一出戏剧，有主题，情节围绕主题展开。意是筵席的主题，筵席中的每一个菜点及其附属的服务如同情节，它们都要满足主题的需要。一出好戏力求选材恰当，主题鲜明。筵席同样要求选排合适的菜点、运用贴切的菜名来表达意图、目的。

（2）因季排菜 不同的季节，人们有不同的生活习惯，这就要求筵席有鲜明的季节特色。可以从三个方面来表现筵席的季节性：注意选用合时令的原料；菜点的口味适合季节变化；兼顾医食结合。另外，中国人非常重视饮食保健，并养成了一些习惯，如冬春进补、秋季解燥、夏季清暑等。

（3）广泛选料 一桌筵席若选用了多种原料，会令人感到丰盛，而"丰盛"是人们对筵席的一种普遍期望。因此，原料的选用应做到类别多种、品种多样。至于全席，则应在辅料的选用上做到多种多样。

（4）技法多变 每一种烹调法烹成的菜品都有其独特的滋味，煎的焦香、炸的酥脆、炒的鲜嫩、焖的软滑等。为提高赴宴者的食欲，丰富筵席的滋味，筵席的烹调技法不宜过于单一，而应变化使用。同样，口味的运用也应有所变化。特别是，若能增加一些新奇招数，如现场加工等，更能增加人们的食趣，制造筵席的高潮。

（5）色彩协调，造型各异　筵席上的菜点应变换花式、变化色彩、造型各异，并做到多种色彩、造型的对比鲜明，变化有节奏、有韵律，跌宕多姿，且能协调一致，使赴宴者在品尝美味的同时领略到运动、变化的烹饪艺术美。

（6）菜肴档次平衡　菜肴档次是指菜肴构成的规格水平，它一般是由原料的价值所决定的。如果不是顾客的特殊要求或筵席配合上的需要，筵席菜点的档次不要有过分悬殊的差别，以免产生误解。

（7）营养合理　筵席通常安排在正餐时，是人们一天中营养素的重要补充时间，这就要求筵席能给就餐者提供平衡的膳食。

2. 筵席菜点的质量控制方法

要控制好筵席的质量，首先要控制好筵席的结构，中式筵席食品的结构有"龙头、象肚、凤尾"之说，它既像古代军中的前锋、中军和后卫，又像现代交响乐中的序曲、高潮及结尾。冷菜通常以造型美丽、小巧玲珑为开场菜，起到先声夺人的作用；热菜用丰富多彩的佳肴，显示筵席最精彩的部分；点心水果则锦上添花，绚丽多姿。

中式筵席菜点的结构必须把握三个突出原则和组配要求，即在筵席中突出热菜，在热菜中突出大菜，在大菜中突出头菜。

二、筵席上菜的质量控制

筵席中的上菜，要根据菜单制定的品种有顺序、有节奏地上菜。我国传统的上菜顺序一般为：冷菜（主拼）→头菜→热炒菜→大菜→甜菜（附点心）→大菜→饭菜→汤→主食→水果。上菜的过程，厨师长要组织得当，该提前准备好的菜要提前准备好，如冷菜、炖菜等，现场烹制的菜肴要注意筵席的节奏，要根据前台的要求或快或慢，每道菜要把握好标准，不合要求的菜要及时采取补救措施，使每一道菜色、香、味、形、器及卫生符合要求，要有节奏、按程序，不能一拥而上。

三、筵席服务的质量控制

筵席中的服务，要求服务员按照服务的标准，按部就班。在上菜服务方面，要组织服务员熟悉菜名及上菜顺序，要向顾客报菜名，菜点的摆放要荤素搭配合理，色彩搭配协调美观，重点突出主菜，必要时要进行分菜，要及时更换餐具，手法要稳、快、卫生。餐厅经理人员分工要明确，要及时观察筵席进行中的动态，及时通知厨房调整上菜速度，及时处理就餐者遇到的各种问题。

四、筵席制作的质量控制

　　筵席结束后，厨师长要及时安排人员做好清理工作，及时对物料进行盘点整理，回收入库，并做好各种清洁卫生工作，要总结筵席制作中出现的问题，征询顾客对筵席菜肴的意见和建议，查漏补缺，以便于更好地提高筵席菜肴的质量。

　　筵席结束后，服务员要及时送顾客离开，并现场检查是否有顾客遗忘的物品，整理台面，清理卫生，更换各种用具和餐具，主动征求顾客对服务质量、服务环境的意见和建议，以便于更好地为顾客服务。

■ 思考题

1. 筵席的组织准备有哪些内容？
2. 筵席菜点的质量控制有什么要求？
3. 筵席菜点的质量控制有哪些方法？

项目 6
筵席设计制作过程的安全卫生

◎ **学习目标**

本项目重点学习了解和掌握食品安全卫生的相关基础知识；掌握筵席对食品安全卫生的要求；了解目前我国食品安全卫生的状况等。

◎ **学习重点**

1. 食品安全与卫生的概念
2. 筵席中食品安全卫生的要求
3. 目前我国食品安全卫生的状况

任务 1　筵席食品安全卫生要求和现状

◎ 任务驱动
1. 食品安全卫生的概念
2. 食品安全卫生的要求

◎ 知识链接

国以民为本，民以食为天，食以安为先。食品安全，关系到人民的生命安全，关系到国计民生。但是近年来，我国食品安全事件频繁发生，"瘦肉精""毒大米""地沟油""毒奶粉""增白剂""苏丹红"等事件的频发，让消费者陷入了极度的不安。2012年年初，调查显示：有80.4%的人对食品没有"安全感"，而国家质检总局发布我国食品检测合格率超过90%。这两组数据，反映了当前我国的食品安全现状：总体稳定向好，问题不可忽视。

2009年6月1日，我国正式颁布实施了《中华人民共和国食品安全法》，2010年成立了国务院食品安全委员会，2011年建立了国家食品安全风险评估中心，各地也相应出台了相关的政策和法规。

2013年《中华人民共和国食品安全法》启动修订，2015年4月24日，新修订的《中华人民共和国食品安全法》经第十二届全国人大常委会第十四次会议审议通过。新版食品安全法共十章，154条，于2015年10月1日起正式施行。

一、食品安全的定义和要求

1. 食品安全的定义

食品安全（food safety）指食品无毒、无害，符合应当有的营养要求，对人体健康不造成任何急性、亚急性或者慢性危害。食品安全是一门专门探讨在食品加工、储存、销售等过程中确保食品卫生及食用安全，降低疾病隐患，防范食物中毒的一个跨学科领域。

2. 食品安全的质量要求

为保证食品安全卫生，以下几个方面必须有严格规定。

① 食品相关产品的致病性微生物、农药残留、兽药残留、重金属、污染物质以及其他危害人体健康的物质等。

② 食品添加剂的品种、使用范围及用量。

③ 专供婴幼儿的主辅食品的营养成分。

④ 与营养有关的标签、标识、说明书等。

⑤ 食品检验方法与规程。
⑥ 其他需要制订为食品安全标准的内容。
⑦ 食品中禁止使用的非法添加的化学物质。
⑧ 食品中所有的添加剂必须详细列出。

二、食品安全案例

2000年12月15日，金华市卫生防疫站在金华市区五里牌楼农贸市场内查获1500千克的"毒瓜子"。这些西瓜子生产中掺了矿物油，同时福建、河南、广东等地也发现了"毒瓜子"。

2001年3月至9月期间，广东河源某饲料公司因购买"瘦肉精"即盐酸克仑特罗生产猪用混合饲料，导致11月7日河源484名市民因食肉中毒。

2001年9月3日，吉化公司所属的16所中小学校发生严重的豆奶中毒事件。万余名学生饮用学校购进的"万方"牌豆奶后，6362名学生集体中毒。至今，仍有多名饮用该豆奶的学生被不同的病症缠身，其中3名学生患上白血病。

2002年2月，哈尔滨香香鸟食品有限公司用2001年的陈月饼非法生产汤圆的恶性事件被查处。据当地工商部门介绍，所查获的汤圆馅是由2001年中秋节期间生产的月饼经粉碎后制得，月饼早已超过保存期，有些已发霉变质，甚至被老鼠咬。

2002年5月21日，长春市卫生局查处一处用牛血、猪血和化工原料加工假"鸭血"的黑窝点，制造假"鸭血"的化工原料一般为建筑或化工用品。

2002年6月21日，金华市卫生局在某仓库发现标识为广西田阳南华糖业有限责任公司的9.5吨假冒"白砂糖"，该"白砂糖"30%的成分为蔗糖，30%的成分为硫酸镁，其余成分无法确认。卫生局将这批"白砂糖"全部没收并予以公开销毁。

从2003年7月上旬开始，不到一个月的时间里，浙江省卫生监督部门查获了从嘉兴等地流出的48吨含有剧毒氰化物的"毒狗肉"。这些狗大多为土狗，很灵活，较难棒杀，所以大多为毒杀。

2003年12月1日，杭州质检部门公布"毒海带"事件的调查结果，市场上畅销的一种碧绿鲜嫩的海带是用印染化工染料浸泡出来的"毒海带"。不法经营者采用"连二亚硫酸钠"和"碱性品绿"等化工原料对海带进行泡、染加工。

2003年11月16日，"金华火腿敌敌畏"事件被曝光，金华市的两家火腿生产企业在生产"反季节腿"时，为了避免蚊虫叮咬和生蛆，在制作过程中添加了剧毒农药敌敌畏。经曝光后，金华火腿的销量几乎为零，金华市经营千年的城市名片瞬间蒙垢。

2003年12月3日，广东省质量技术监督局对佛山、江门两地的开心果加工企业进行执法检查，现场查获用工业双氧水加工过的开心果等干果类食品成品。

2004年4月30日,"大头娃娃"事件曝光,安徽省阜阳市查处一家劣质奶粉厂。该厂生产的劣质奶粉几乎完全没有营养,致使13名婴儿死亡,近200名婴儿患上严重营养不良症。

2004年"陈化粮"事件曝光,全国10多个省市粮油批发市场发现有国家粮库淘汰的发霉米,含有可致肝癌的黄曲霉素。黄曲霉素是目前发现最强的化学致癌物,试验显示其致癌所需时间最短仅为24周。

2004年5月,中央电视台《每周质量报告》的一期"龙口粉丝掺假有术"节目揭露,部分正规粉丝生产商为降低成本,在生产中掺入粟米淀粉,并加入了可能致癌的碳酸氢铵化肥、氨水用于增白。

2004年5月11日,广州一市民被怀疑饮用散装白酒中毒死亡,短短10天内,共有14人因饮用假酒死亡、39人受伤。这些散装白酒中含有剧毒工业酒精甲醇。

2005年3月15日,上海市相关部门在对肯德基多家餐厅进行抽检时,发现新奥尔良鸡翅和新奥尔良鸡腿堡调料中含有"苏丹红一号"成分。从16日开始,在全国所有肯德基餐厅停止售卖这两种产品,同时销毁所有剩余调料。

2005年5月26日,雀巢金牌成长3+奶粉在浙江被抽检出碘含量超标。这一事件使该品牌奶粉在全国范围内撤柜。

2005年6月14日,北京市工商局经抽查的潮安12家企业果脯产品二氧化硫含量超标,随即宣布广东潮安生产的果脯全部下架,将近800家潮安果脯蜜饯企业集体挡在了北京门外。6月15日起,重庆、成都、西安、义乌等地相继"封杀"潮安果脯。

2005年7月5日,三鹿被查出超前标注生产日期的酸牛奶,三鹿方面表示,产品生产日期标注不存在任何问题,而是因为企业管理上的一些疏忽。

2005年8月16日,"维维"牌天山雪活性乳饮料在上海被检测酵母菌数超标24倍。

2006年6月,北京食用福寿螺导致的广州管圆线虫病患者确诊病例达到160例。该病是由于酒店出售的凉拌福寿螺菜而引起,最终经历了历时一年半的赔偿案。

2006年7月,中央电视台曝光湖北武汉等地的"人造蜂蜜"事件。造假分子还在假蜂蜜中加入了增稠剂、甜味剂、防腐剂、香料和色素等化学物质。

2006年8月2日,浙江省台州市卫生局在某油脂厂内查扣原料油38600千克、成品油5300千克。经疾病预防控制中心抽样检测,猪油中酸价和过氧化值严重超标,浙江省疾病预防控制中心还检测出内含剧毒的"六六六"和"滴滴涕"。

2006年9月初开始,上海市发生多起因食用猪内脏、猪肉导致的疑似瘦肉精食物中毒事故。这批来自浙江海盐县的瘦肉精超标猪肉和内脏共导致上海9个区336人中毒。

2006年11月12日,由河北某禽蛋加工厂生产的一些"红心咸鸭蛋"在北京被检测出含有致癌物质苏丹红。部分河北农户用添加了工业染料苏丹红的饲料喂养鸭子,导致蛋黄内含有苏丹红,以致全北京市范围内停售河北生产的"红心咸鸭蛋"。

2006年11月17日,上海市抽检的30件冰鲜或鲜活多宝鱼全部含有硝基呋喃类代谢物,部分样品还被检测出环丙沙星、氯霉素、红霉素等多种禁用鱼药残留，部分样品土霉素超过国家标准限量要求。

2007年4月12日，在广西壮族自治区销售的"思念""龙凤"品牌云吞及水饺被检测出金黄色葡萄球菌。

2007年8月14日，总数为7.26吨台湾味全的较大婴儿奶粉在从香港入境时，被深圳检验检疫局检验出阪岐肠杆菌超标，检疫局依法对该批不合格婴儿奶粉做出监督销毁的处理。

2008年8月，人造"新鲜红枣"流入乌鲁木齐市场。该红枣主要经过两道工序，在铁锅里放进酱油，使青枣变成红色，并保持光泽，再放进加入大量糖精钠和甜蜜素的水池中浸泡，使其口感泛甜。过量食用这种红枣会造成血小板减少，造成急性大出血等，直接危害身体。

2009年1月22日，三鹿"三聚氰胺奶"案终审宣判。自2008年7月始，全国各地陆续收治婴儿泌尿系统结石患者多达1000余人，9月11日，卫生部调查证实这是由于三鹿集团生产婴幼儿配方奶粉受三聚氰胺污染所致。

2009年2月27日，"咯咯哒"问题鸡蛋所使用饲料厂的法人代表获刑，该厂于2008年9月两次向饲料中加入三聚氰胺。10月，在香港对从内地进口的鸡蛋中检测出三聚氰胺后，引起了广泛关注，所有问题饲料被查出，鸡蛋价格出现下跌。

2009年11月，农夫山泉和统一企业被海口市工商局推向消费者的关注中——两家公司生产的部分批次果汁饮品近日被该工商局检测出"砒霜"。

2010年7月，三聚氰胺超标奶粉事件"卷土重来"：在青海省一家乳制品厂，检测出三聚氰胺超标达500余倍，而原料来自河北等地。事件发生后，有关部门要求严肃查处，杜绝问题奶粉流入市场，彻底查清其来源与销路，坚决予以销毁，并依法追究当事人责任。

2011年3月，河南"瘦肉精"事件发生后，为查清"瘦肉精"的生产、销售源头，公安机关顺藤摸瓜，确定湖北襄阳籍刘某为制造"瘦肉精"的最大嫌疑人。2012年1月，河南因"瘦肉精""地沟油"案查处62名公职人员。

2011年4月13日，上海盛禄食品有限公司分公司在生产过程中添加色素、防腐剂等，将白面染色制成玉米面馒头、黑米馒头等，工人还随意更改馒头的生产日期。"染色"馒头进入了上海部分超市销售。

2011年4月15日，湖北省宜昌市工商部门在一个蔬菜市场查获一批硫黄熏制过的"问题牛姜"，共约1000千克。据介绍，一些商贩把品相不好的生姜用水浸泡清洗，然后用化工原料硫黄进行烟熏。与普通生姜相比，"硫黄姜"看上去又黄又亮，显得很鲜嫩，在市场上可以卖出好价。

2012年9月11日，湖南湘潭县中路铺镇52名村民吃完米粉后出现不同程度的恶心、呕吐、腹泻等症状，病人在第一时间被送往中路铺中心卫生院、湘潭县人民医院、湘潭县中医院就诊治疗，经医院初步诊断，这些村民均属食物中毒。

三、常见食品安全问题及其控制措施

1. 常见的食品安全问题

（1）食品中天然毒素　有些动植物原料本身含有毒素，如河豚、有毒贝类、含有组胺的不新鲜鱼类、某些毒蕈、某些核仁和含有氰苷的木薯等，食用后都可能引起中毒。

（2）人畜共患传染病源　有些牲畜疾病能传染给人体，称人畜共患传染病。如炭疽、鼻疽、口蹄疫、猪水泡病、猪瘟、猪丹毒和猪出血性败血症、结核病、布氏杆菌病等传染病，发生在猪、牛、羊、马、骡或驴身上，人吃了受这些病原体污染的食物，有可能引起疾病。

（3）有毒金属　有些金属尚未被证实具有生理功能，在正常情况下，人体只需极少量或只能耐受极小量，剂量稍高即会呈现毒性作用，这些金属称为有毒金属。有毒金属来源于土壤、水、空气、农用化学品、工业三废、加工用机械设备、管道、容器、添加剂等，其中以汞、镉、铅、砷毒性较大。

（4）农药污染　各种农药直接接触农产品或通过土壤、水、空气又转移给农产品，会造成食品污染。多数农药对人体有不同程度的毒性，各国都制订有法规、标准，限制农药的品种、施用范围、施用方法和允许在土壤中的残留量。食品加工时要对原料进行必要的清洗和处理，减少农药残留。

（5）包装材料污染　包装食品所用的塑料、涂料、橡胶、金属、陶瓷等材料，如果质量不良或使用不当，其中所含的多种化学助剂、聚合物的单体、釉药中的铅盐、煤焦油成分多环芳烃或金属盐类等毒性物质可能溶出，从而污染食品。

（6）食品添加剂　大多数食品添加剂并非食品的天然成分，用之失当也可能引起各种形式的毒性表现。如今，各国都有相应的法规、标准，规定食品添加剂的种类、限量、使用范围等以及添加剂本身的质量标准。

（7）生产过程污染　食品在生产过程中，由于某些传统的生产工艺要求，易产生一些有毒物质。例如，许多食品原料含有硝酸盐、亚硝酸盐及仲胺类化合物，在多种微生物的作用下能促使形成与人类某些癌症有关的亚硝胺类化合物。腌制鱼、肉时，加入亚硝酸盐作为食品发色剂及抑菌剂，加速了亚硝胺的合成。又如传统的燃烧木屑熏烟烧烤食品的方法，也会产生具有致癌活性的苯并芘等多环芳烃。近代食品工艺学家已研究出一些新的技术方法以避免产生这类有害物质。

（8）污物、恶性杂质　食品生产、储运过程中，由于管理不善等原因，可能混入昆虫、昆虫肢体、鼠毛、鼠屎尿、沙砾、尘土等各种污物和铁钉、细针、金属碎屑、碎玻璃、木屑、油漆等恶性杂质，严重妨碍食品的安全卫生。

2. 食品安全预防及控制措施

（1）建立完善的食品安全应急体系　整合食品安全监督、质检、工商为主的政府职能部

门资源，使各有关部门的监管工作有机衔接起来，让市场监管到位。同时以食品行业协会为主导，带领企业坚定不移地执行与参与政府发布的各种类型保障食品安全的法律、法规及活动。

（2）提高食品企业的质量控制意识　建立以食品安全回溯体系为标准的行业准入机制，从源头上杜绝不安全的食品入市。

（3）初步建立食品安全宣传教育体系　对消费者进行食品科普教育，加大舆论宣传力度，提高消费者食品安全意识，使有害食品人人避之。

（4）净化市场源头　重点应对人们每天需食用的粮食作物、蔬菜、水果、饮用水等严加控管，进行规范型和创新型种植、生产结构及生产保障体系调整。市场上的食品应由大型的、符合质量要求的、国家认可的种植专业户、集团或生产厂家提供，对落后的、零星的、质量无保障的种植户、生产小厂适时淘汰。净化市场源头是重点，这一步抓好，购买者才能放心。

（5）建立市场级检测体系　即在中大型超市、农贸市场设置检测仪器，提供检测方法，随时对有关食品进行检测。食品主要质量参数检测，可由市场专职检测人员或人民群众抽检。国家应投入一定费用开展快速检测方法的研究，供市场快速确认质量。如此，才能杜绝不合格产品的上市。

（6）增加媒体透明度　网上、电视台、报纸应有计划、有针对性地适时报道食品检测结果，对优质、合格产品进行表彰，引来认购者，使其受益；对不合格者进行曝光，让其下架或令其整改或停产，多方面、全方位展开关注，持之以恒。

任务2　筵席的食品安全卫生要求

◎ 任务驱动

1. 食品卫生的定义
2. 食品卫生的要求
3. 烹饪与筵席食品安全卫生

◎ 知识链接

一、食品卫生的定义

食品卫生是公共卫生的组成部分，任务是研究食品中存在的、威胁人体健康的有害因素的种类、来源、性质、作用、含量水平和控制措施,以提高食品安全性,预防食源性疾病,保证食品卫生及食用者健康。

二、食品卫生的要求

(1) 有关部门要切实履行好各自的职责　搞好食品市场整顿,加强食品卫生监督检查,加强镇区政府和村委会食品卫生工作人员的教育培训。

(2) 企业要做好备案管理制度　企业要做好筵席的信息收集、备案和报告工作,重大活动要上报上级主管部门,并及时备案,相关主管部门要开展指导工作。

(3) 厨师必须身体健康　厨师必须每年进行一次健康体检,并参加食品卫生法律法规和食品卫生知识培训,严格执行食品卫生五四制。凡患痢疾、伤寒、病毒性肝炎等消化道传染病、活动性肺结核、化脓性或渗出性皮肤病以及其他有碍食品卫生疾病的厨师和帮厨者不得在患病期间操办筵席。

(4) 建立筵席食品及原佐料检查制度　要认真落实检查指导人员的责任,切实加强筵席食品卫生的检查指导。要对筵席加工场地、卫生条件、采购、厨师健康状况、原佐料、用水等进行事前检查,严禁采购过期变质和"三无"食品,严禁销售和使用亚硝酸盐。要加强食品采购的指导服务。

(5) 实行加工场所和用具清洁消毒制度　筵席加工场所要具备基本食品安全条件,环境整洁卫生,有防蝇、防鼠、防尘等设施;锅、碗、瓢、盆等用具,使用前应严格消毒;加工用具、各类食品做到生熟分开,不加工变质食品。

(6) 落实食品安全事件报告和应急处置制度　如发生食物中毒等食品安全事件,筵席承办者、厨师和主办户应在组织救治的同时上报相关主管部门;主管部门接到报告后要立即控制现场,并上报上级,积极组织人员摸清参加筵席的所有人员的健康状况,并配合有关部门开展救治、调查、采样、取证工作,并按照相关规定处理。

(7) 落实筵席食品卫生工作责任追究制　餐饮企业要加强业务指导和监督检查,对于未按本规定履行监管和管理职责、玩忽职守、监管不力等而造成食品安全事故的,要追究领导责任和相关人员的责任。构成犯罪的,要依法追究刑事责任。

(8) 建立筵席食品卫生工作宣传教育制度　企业要广泛开展筵席食品卫生监管要求、食品卫生知识及相关法律法规的宣传。卫生行政部门要做好宣传和培训,提高餐饮企业筵席的监管工作水平。

三、烹饪与筵席食品安全卫生

烹饪的过程是对原料杀菌、消毒,使食品原料由生变熟,既卫生安全,又易于人体的消化吸收，因此烹饪工作者应了解温度对微生物的影响，采用适当的火候烹制食品，保证既能杀菌消毒，还能保护食物营养，使制品色、香、味俱佳。为了保证烹饪过程中食品的安全性，要着重做好以下几点。

（1）为防止油脂经高温加热带来的毒害。用油加热时应做到：①尽量避免持续高温煎炸食品，一般烹饪用油温度最好控制在200℃以下。②反复使用油脂时，应随时加入新油，并随时沥尽浮物杂质。③根据原材料品种和成品的要求正确选用不同分解温度的油脂。

（2）烹饪过程中，须谨防N-亚硝基化合物对食品的污染。食品中天然存在的N-亚硝基化合物含量极微，不影响人体健康，但腌制的鱼、肉制品、腌菜、发酵食品中，含量较高。

（3）烹饪过程中，须慎防有致癌作用的多环芳烃对食品的污染。烹饪过程中，需慎防两个主要产生多环芳烃的途径：一是油脂经高温聚合而产生，二是烟熏和烘烤食品时产生。

（4）有效减少或消除原料中对人体不利的成分。如：通过飞水去除菠菜、苋菜、茄子等原料中的有机酸，可防止其与人体摄入的其他高钙或高蛋白质食物在体内形成不能被吸收的结石性有机物；加工发芽土豆时，应注意煮熟煮透，辅加适量的醋，以破坏所含有对人体有害的龙葵素；烹饪四季豆时，须长时间煮沸，破坏所含有对人体不利成分的皂素和豆素；烹制白果时，加热彻底才能免除银杏酸对人体的毒害等。同时还要恰当使用香辛料、调料、色素等调味、调色辅助料，防止食品中人为加入有害成分。不使用劣质或假冒的酱油、米醋、料酒、食盐等调料，不使用防腐、发色剂亚硝酸盐类，不使用日落黄、苋菜红、柠檬黄等食用色素等。

（5）烹饪过程中还应特别注意恰当投放味精。在弱酸性时或中性溶液中，且温度为70~90℃时，使用味精效果最好，若投放时温度过高，味精主要成分谷氨酸钠会在高温下转化为焦谷氨酸钠，不仅毫无鲜味，而且可能引起恶心、眩晕、心跳加快等中毒症状。

（6）加强烹饪生产从业人员的健康检查。烹饪生产的从业人员需要搞好个人卫生，按照《中华人民共和国食品卫生法》的规定，食品生产经营人员每年必须进行健康检查，新参加和临时参加的食品生产人员必须取得健康合格证。

总之，为保证食品的安全性，烹饪工作者应悉心关注了解烹饪过程中各个环节对食品的影响，并不断地积累和掌握烹饪过程中控制食物安全性问题的各项措施，以便探索到更科学更合理的烹饪方法。

■ 思考题

1. 什么是食品安全？其质量要求有哪些？
2. 常见食品安全问题及其控制措施有哪些？
3. 什么是筵席的食品卫生？
4. 筵席中对食品安全卫生有哪些要求？

项目 7
筵席服务

◎ 学习目标

本项目重点了解筵席服务的内容；掌握中西餐筵席的摆台技能、餐巾折花技能和筵席服务技能。

◎ 学习重点

1. 筵席服务的内容
2. 筵席服务的要求和注意事项

任务 1　筵席服务的内容

◎ 任务驱动
1. 筵席服务的内容
2. 筵席的就餐服务
3. 筵席服务的注意事项

◎ 知识链接

一、筵席前的服务内容

中式宴会是使用中式餐具、提供中式菜肴、采用中式服务的宴会。除正式的招待宴会外，婚宴、寿宴等也采用中式宴会的形式，它的特点有交际性、聚餐式和规格化三方面，是一种重要的交际形式，讲究规格和气氛，接待隆重。

1. 宴会的承接

首先由宴会部主管或营销部工作人员受理宴会预订，宴请活动的最后确认要由餐饮部经理批准执行，一经确定，则首先签订宴请合同，然后通知宴会部做好前厅的筹备工作。

（1）受理宴会预订　受理宴会预订时，需要掌握顾客与宴会有关的情况，主要包括以下内容。

① 六知：知台数、知人数、知主人身份、知筵席性质、知筵席标准、知开餐时间。

② 三了解：了解顾客的特别要求、了解顾客的嗜好、了解顾客的习惯。如果是外宾，还应了解其国籍、宗教、信仰、禁忌和品味特点。

（2）签订宴会合同　即填写宴会预订单、收宴会预订金或抵押支票，最后由双方签字生效。

（3）通知宴会部做准备工作　将顾客预订宴会的详细情况以书面形式通知宴会服务部门及相关人员。

2. 宴会的联络与准备

（1）各部门合作　正式举办宴会前，厨房部、宴会厅、酒水部、采购部、工程部、保安部等各有关部门应密切配合、通力合作，共同做好宴会前的准备工作。召开全体工作人员会议，传达信息，要求每位服务人员都要做到"六知""三了解"。

（2）明确分工　规模较大的宴会，要确定总指挥人员，在准备阶段，要向服务人员交代任务、讲清意义、提出要求、宣布人员分工和服务注意事项。在人员分工方面，要根据宴会要求，对迎宾、值台、传菜、酒水及贵宾室（VIPROOM）等岗位有明确分工，每位服务人员都要有具体任务，将责任落实到个人，做好人力、物力的充分准备，要求所有服务人员从思想上重视，工作严谨，服务热情、主动、细致、礼貌、周全，保证宴会善始善终。

（3）服务员按餐厅要求着装，按时到岗。

（4）按餐厅要求进行卫生打扫，要求摆位规范、器皿齐全，四周墙壁、家具、桌椅无灰尘。

3．宴会前的组织准备工作

在开餐前一定时间内开始进行宴会前的组织准备工作，各大酒店对这段时间的长短有不同规定，另外还要依据宴会的规模档次以及宴会厅布置的烦琐程度来确定，一般场景布置在开餐前4小时开始，台型布置在开餐前2小时开始，筹备工作从开餐前8小时即开始准备。

（1）场景布置　根据宾客要求及宴请标准进行场景布置，一般在宴会厅周围摆放盆景花草或在主台后面用花坛、画屏、大型青翠树枝盆景装饰，用以增加宴会的隆重、盛大与热烈的气氛。如果是喜宴场景布置，可在靠近主桌前方或厅内醒目位置悬挂"喜"或"寿"字，以渲染气氛。

（2）台型布置　管理人员要根据宴会前掌握的情况，按宴会厅的面积、形状及宴会要求，设计好餐桌排列图，研究具体措施和注意事项，设计时要按宴会台型布置的原则，即"中心第一，先左后右，高近低远"的原则来设计。在布置过程中做到餐桌摆放整齐、横竖成行、斜对成线，既要突出主台，又要排列整齐，间隔适当；既要方便就餐，又要便于服务员席间操作。通常宴会每桌占地面积标准为10~12平方米，桌与桌之间距离为两米以上，重大宴会的主通道要适当宽敞一些，同时铺上红地毯，突出主行道。

（3）熟悉菜单　服务员应熟悉宴会菜单和主要菜点的风味特色，以做好上菜、派菜和回答宾客对菜点的询问的思想准备，同时，应了解每道菜的服务程序，保证准确无误地进行上菜服务。

（4）物品准备　根据菜单的服务要求，准备好各种金器、银器、瓷器、玻璃器皿等餐具酒具，准备好菜肴应该配的作料，准备好鲜花、酒水、香烟、水果以及服务中所需物品（毛巾、分餐用具、笔、开瓶器、脏物夹等）。准备物品时要注意，重点宴会要多准备一些菜单，做到人手一份，要求封面精美、字体规范，可留作纪念。

（5）铺设餐台　将正、副主人的座位拉开对正，然后把其他座位按均等的距离拉好摆好，注意餐具和餐巾的摆放位置。

（6）安排席位　凡正式宴请，每位顾客座位前都放席卡，通常称作"名卡"。卡片上写有参加者的姓名，便于对号入座。座次的安排一般依身份而定。

（7）摆设冷盘　大型宴会开始前15分钟左右摆上冷盘，然后斟预备酒。所谓预备酒，一般斟白酒，以示庄重；另一方面其他酒水如葡萄酒、啤酒、饮料等也不适合预先斟倒。斟倒预备酒的意义在于宾主落座后，致辞，然后干杯。这杯酒如果不预先斟好，宾客来后再斟会显得手忙脚乱。摆设冷盘时，要根据菜点的品种和数量，注意菜点色调的分布、荤素的搭配、菜形的反正、刀口的逆顺、菜盘间的距离等，使摆台不仅是为宾客提供一个舒适的就餐地点和一套必需的进餐工具，而且能给宾客以赏心悦目的艺术享受，为宴会增添隆重又欢快的气氛。

准备工作全部就绪后，宴会管理人员要进行一次全面的检查，从台面服务、传菜人员等分派是否合理，到餐具、饮料、酒水、水果等是否备齐；从摆台是否符合规格，到各种用具及调料是否备齐并略有盈余；从宴会厅的清洁卫生是否做好，到餐酒具的消毒是否符合卫生标准；从服务员的个人卫生、仪表装束是否整洁，到照明、空调、音响等系统功能是否正常工作等，都要一一进行仔细的检查，做到有备无患，保证宴会按时保质举行。

4．宴会的迎宾工作

（1）热情迎宾　根据宴会的入场时间，宴会主管人员和迎宾员提前在宴会厅门口迎候宾客，值台服务员站在各自负责的餐桌旁准备服务。宾客到达时，要热情迎接、微笑问好，待宾客脱去衣帽后挂好，表情自然大方，将宾客引入休息厅就座休息，回答宾客问题和引领宾客时注意使用敬语，做到态度和蔼、语言亲切。

（2）接挂衣帽　如宴会规模较小，可不设专门的衣帽间，只在宴会厅房门前放衣帽架，安排服务员照顾宾客宽衣并接挂衣帽。如宴会规模较大，则需设衣帽间凭牌存取衣帽。接挂衣物时应握衣领，切勿倒提，以防衣袋内的物品倒出；贵重的衣物要用衣架，以防衣服走样；重要宾客的衣物，要挂于显眼处，凭记忆进行准确的服务，贵重物品请宾客自己保管。

（3）端茶递巾　宾客进入休息厅后，服务员应招呼入座并根据接待要求，递上香巾、热茶或酒水饮料。宾客抽烟，应主动为其点火。递巾送茶服务均按先宾后主、女士优先的原则。

二、筵席中的就餐服务

1．入席服务

值台服务员在开宴前5分钟斟好果酒，站在各自服务的席台旁等候宾客入席。

（注：目前，许多非正式的中餐宴会受西餐宴会的影响，在开宴前祝酒时饮用的第一杯酒也改为低度果酒，果酒颜色艳丽，为宴会增添欢快气氛。同时果酒酒度较低，也符合饮酒规律。但果酒不能斟倒太早，尤其是香槟，应待宾客临近入席时斟酒。高档正式宴会第一杯酒还应是白酒。）

当宾客来到席前时，要面带笑容，引请入座。在照顾宾客入座时，用双手和右脚尖将椅子稍稍撤后，然后徐徐向前轻推，让宾客坐稳坐好。照顾宾客入席应按先女宾后男宾、先主宾后一般宾客的顺序进行。对年老行动不便的宾客或年幼的宾客要优先照顾。

待宾客坐定后，即把台号、席位卡、花瓶或插花拿走。菜单放在主人面前，为宾客服务第一道毛巾，接着问茶并主动介绍供应的品种，打开口布轻轻铺在宾客面前，撤下筷套，迅速上茶，根据宾客的要求斟倒酒水或饮料。

2. 斟酒服务

（1）为宾客斟倒酒水时，要先征求宾客的意见，根据宾客的要求斟倒酒水饮料，如宾客提出不要，应将宾客面前的空杯撤走。

（2）斟酒时，服务员应站在宾客的身后右侧，右脚向前，身体微倾，右手持酒瓶的底部，酒瓶的商标面向来宾，瓶口离杯口1~2厘米，斟至八分满即可。

（3）在只有一名服务员斟酒时，应从主宾开始，再是主人，然后顺时针方向进行（如有女宾，按女士优先的原则）；在有两个服务员为同一桌宾客斟酒时，应一个从主宾开始，另一个从副主宾开始斟酒，然后按顺时针方向进行。

（4）在宾主互相祝酒讲话前，服务员应斟好所有来宾的酒或其他饮料。在宾主讲话时，服务员停止一切活动。讲话结束后，如果宾主间的座位有段距离，服务员应准备好两种酒，放在小托盘中，侍立在旁，并在主宾端起酒杯后，迅速离开。如果宾主在原位祝酒，服务员应在致辞完毕干杯后，迅速为其续酒。

（5）当宾客起立干杯、敬酒时，要帮宾客拉椅（即向后移），然后迅速拿起酒瓶跟随宾客准备添酒，添酒量应随宾客的意愿。宾客就座时，要将椅推向前。拉椅、推椅都要注意宾客的安全。

（6）宾客离开座位去敬酒时，要将宾客的席巾叠好放在宾客的筷子旁边，席巾折成好看的图形。

（7）在宴会中，服务员要随时注意每位来宾的酒杯，杯中酒水仅剩1/3时，应及时添加。斟酒时注意不要弄错酒水。

（8）宴会期间要及时为宾客添加饮料、酒水，直至宾客示意不要为止（如酒水用完应征询主人意见是否需要添加）。

3. 上菜服务

各类不同的宴会，由于菜肴的搭配不同，上菜的程序也不尽相同。这就要根据宴席类型、特点和需要因人、因事而定。基本原则是既不可千篇一律，又要按照中餐宴会相对稳定的上菜程序进行。

现在中餐宴会上菜顺序与传统上菜顺序有所区别，各大菜系之间也略有不同，一般是冷盘、热炒、大菜、汤菜、炒饭、面点、水果。上汤则表示菜已上齐，有的地方还有上一道点心再上一道菜的做法。粤菜的上菜顺序则是冷盘、羹汤、热炒、大菜、青菜、点心、炒饭、水果。上青菜则表示菜已上齐。

上菜时，服务人员要注意以下几点。

（1）在宴会中，每种菜肴应遵循一定的程序，除上述顺序外，总的原则是先冷后热，先炒后烧，先咸后甜，先清淡后浓郁。

（2）要选择正确的上菜位置，操作时站在译陪人员之间，即"上菜口"的位置，将菜盘放在转盘中间。凡是鸡、鸭、鱼整体或椭圆形的大菜盘，在摆放后应转动转盘、将头的位置转向主人，腹部或胸脯正对主宾（注意：要根据各地的风俗习惯而定，如有些地区遵循"鸡不献头、鸭不献掌、鱼不献脊"的说法）。

（3）每上一道菜要后退一步站好，然后向宾客介绍菜名和风味特点，表情要自然，吐字要清晰。如宾客有兴趣，则可以介绍与地方名菜相关的民间故事，有些特殊的菜应介绍食用方法。在介绍前，将菜放在转台上，向宾客展示菜的造型，使宾客能领略到菜的色香味形质，边介绍边将转台旋转一圈，让所有的宾客均可看清楚。

（4）上菜之前，应先把旧菜拿走。如盘中还有分剩的菜，应询问宾客是否需要添加，在宾客表示不需要时，方可撤走。要保证台面间隙适当，严禁"盘上叠盘"。

（5）上菜时间注意主桌控制得宜，不可时快时慢，并遵循右上右撤的服务原则，不能跨位递撤。

（6）上菜时，先上酱料再上菜，注意菜要趁热上，上台后方可拿开菜盖介绍菜后再分菜。

（7）分菜时尽可能避免发出声响，并注意主配料搭配均匀及分菜分量。

4. 派菜服务

宴会的派菜服务要求服务人员主动均匀地为宾客分菜、分汤，分派时要胆大心细，掌握好菜的分量与数量，做到分派均匀。凡配有佐料的菜，在分派时要先蘸（夹）上佐料再分到餐碟里，分菜时应站在宾客的左侧，左手垫一毛巾托菜，右手用叉勺。操作次序也是先宾后主，顺时针方向分派。

目前中式宴会有多种派菜方法。

（1）服务人员左手托盘，右手拿叉与勺，将菜在宾客的左边派入其餐盘中。

（2）将菜盘与宾客的餐盘一起放在转台上，服务员用叉和勺将菜分派到宾客的餐盘中，而后由宾客自取或服务员协助将餐盘送到宾客面前。

（3）将菜在转台向宾客展示后，由服务员端至备餐台，将菜分派到宾客的餐盘中，而后用托盘将菜送至宴会桌边，用右手从宾客的右侧放到其面前，与此同时，应先将宾客面前的污餐盘收走。

三种派菜方法各有特点，究竟采用何种方法，应由餐厅统一规定。对于大型宴会，每一桌服务人员的派菜方法应是一致的，这样可显出整个宴会气氛的一致性和服务人员的训练有素。派菜时，应将有骨头的菜肴如鱼、鸡等大骨头剔除。派菜要均匀，如宾客表示不要此菜，则不必勉强。

5. 甜品服务

所有菜肴及主食上完后，在上甜食前，服务员要将用过的餐具全部撤掉，只留水杯及葡萄酒杯于台面，并换上新餐具及水果叉。待宾客用完甜食后，服务员要为宾客换上一条新毛巾并送上茶水。

值得注意的是多台宴会甜食的服务时间要看主台的节奏，听指挥、看信号或听音乐（采取什么方法由宴会部定），做到行动统一，以免造成早上或迟上。

为了保证菜点的质量（火候、色泽和温度等），使宾客吃后满意，服务员应加强前后台的联系，恰到好处地掌握上菜的时间和速度。菜上得过慢，会造成空盘或菜冷汤凉的现象，而菜上得过快，会使宾客来不及细品和有被催促的感觉。特别是当主人和主宾即席致祝酒词时，要和厨房及时联系，控制出菜，同时要根据席上宾客食用的情况，保持和厨房的紧密配合，通常是客慢则慢，客快则快。

6. 撤换餐具

为显示宴会服务的优良和菜肴的名贵，突出菜肴的风味特点，保持桌面卫生雅致，在宴会进行的过程中，需要多次撤换骨碟或小汤碗，重要宴会要求每道菜换一次骨碟，一般宴会换碟次数不得少于三次，通常在下述情况下，就应换骨碟。

（1）上羹或汤之前，上一套小汤碗，待宾客吃完后，送上毛巾，收回汤碗，换上干净骨碟。

（2）吃完带骨、刺、壳的食物后，及时更换骨碟。

（3）上较浓、芡汁多的食物后应换上干净骨碟。

（4）上甜菜、甜品之前更换所有的骨碟和小汤碗。

（5）上水果之前，更换干净骨碟，上水果刀叉。

（6）残渣骨刺较多或有其他脏物如烟灰、废纸、用过的牙签的骨碟，要随时更换。

（7）宾客失误，将餐具跌落在地的要立即更换。

撤换骨碟时，要待宾客将碟中食物吃完方可进行，如宾客放下筷子而菜未吃完的，应征得宾客同意后才能撤换。撤换时要边撤边换，撤与换交替进行。按先宾后主再其他宾客的顺序先撤后换，站在宾客右侧操作。

7. 席间服务注意事项

宴会进行中，注意四勤，即嘴勤、手勤、腿勤、眼勤。细心观察宾客的表情及示意动作，眼观六路、耳听八方，采取主动服务。一切行动做在宾客开口之前、伸手之先。当宾客准备吸烟时，要主动上前为宾客点烟，操作时用右手在宾客右侧进行（注意：不能用一个火苗为两个以上的宾客点烟）。服务时，态度要和蔼，语言要亲切，动作要敏捷。放餐具要轻拿轻放，右手操作时，左手要自然弯曲放在背后，暂停工作时要站在一边与台面保持一定距离，站立要端正，眼神要专注。如宾客的餐巾、餐具、筷子掉在地上应马上捡起；席间烟灰缸里若有两个以上烟头，烟灰缸就要立即更换；骨碟内脏物不得超过两根骨头或三立方厘米。在撤换菜盘时，如转盘脏了，要及时抹干净。抹时用抹布和一只餐碟进行操作，以免脏物掉到台布上。转盘清理干净后才能重新上菜。若宾客在席间弄翻了酒水杯具，要迅速用餐巾或香巾帮助宾客清洁，并用干净餐巾盖住弄脏部位，为宾客换上干净杯具，然后重新斟上酒水。宾客吃完后，送上热茶和香巾，随即收去台上除酒杯、茶杯以外的全部餐具，抹净转盘，换上点心碟、水果刀叉、小汤碗和汤匙，然后上甜品、水果，并按分菜顺序分送给宾客。宴会中若有即兴演唱等活动或临时增加服务项目，服务员要及时上鲜花，以示宴会结束。

三、筵席的收尾工作

（1）结账准备　上菜完毕后即可做结账准备。清点所有酒水、香烟、饮料、加菜等宴会菜单以外的费用并累计总数，送收款处准备账单，并进行核对，埋单时需用收银本，并柔声向客人说"多谢"。结账时，现金现收。若是签单、签卡或转账结算，应将账单交宾客或宴会经办人签字后送收款处核实，及时入账结算。

（2）拉椅送客　主人宣布宴会结束，服务员要提醒宾客带齐随身物品。当宾客起身离座时，要主动为其拉开座椅，以方便离席行走。服务员视具体情况目送或随送宾客至餐厅门口，热情告别。不要在宾客刚刚起身还未走出宴会厅时便忙于收台，如宴会后安排休息，要根据接待要求进行餐后服务。

（3）取递衣帽　宾客出餐厅时，衣帽间的服务员根据取衣牌号码或凭记忆及时、准确地将衣帽取递给宾客。

（4）收台检查　在宾客离席的同时，服务员要检查台面上是否有未熄灭的烟头，是否有宾客遗留的物品，在宾客全部离去后立即清理台面。清理台面时，按先餐巾、香巾和金银器，然后酒水杯、瓷器、刀叉筷子的顺序分类收拾。凡贵重餐具要当场清点。

（5）清理现场　各类开餐用具要按规定位置复位，重新摆放整齐，开餐现场重新布置，恢复原样，以备下次使用。

（6）关闭电灯门窗　收尾工作做完后，领班要作检查。待全部项目合格后方可离开或下班。

四、筵席服务的注意事项

（1）宾客进厅房后如脱外套，服务员要主动替宾客挂好并提包；如宾客有外套挂在椅背上，要用洁净餐巾盖上，以防弄脏。

（2）服务操作时，注意轻拿轻放，严防打碎餐具和碰翻酒瓶酒杯，从而影响场内气氛。如果不慎将酒水或菜汁洒在宾客身上，要表示歉意，并立即用毛巾或香巾帮助擦拭（如为女宾，男服务员不要动手帮助擦拭，可请女服务员帮忙）。

（3）撤换餐具要视全体吃完方可收，如宾客放筷子而菜未吃完则先向宾客示意后再撤。上菜时不得将菜盘摞起来，收盘时不可一摞撤下。

（4）当宾主席间讲话或举行国宴席间演奏国歌时，服务员要停止操作，迅速退至工作台两侧肃立，姿势端正，餐厅内保持安静，切忌发出响声。

（5）宴会进行中，各桌服务员要分工协作、密切配合，服务过程出现漏洞要立刻互相弥补，以高质量的服务和食品赢得宾客的赞赏。

（6）席间如有事或电话需要告诉宾客，要略欠身，低声细语，不可大声大气，干扰其他宾客，如找身份较高的主宾或主人，应通过主办单位的工作人员或翻译转告。

（7）席间若有宾客突感身体不适，应立即请医务室协助并向领导汇报，同时将食物原样保存，以便化验。

（8）注意毛巾要夏冷冬热。

（9）宴会结束后，应主动征求宾主和陪同人员对服务和菜品的意见，客气地与宾客道别。当宾客主动与自己握手表示感谢时，视宾客神态适当地握手。

（10）宴会主管人员要对完成任务的情况进行小结，以利发扬优点、克服缺点，不断提高餐厅服务质量和服务水平。

任务 2　筵席中的摆台

◎ 任务驱动

1. 中西餐摆台的概念
2. 中西餐摆台的基本要求
3. 中西餐摆台的注意事项

◎ 知识链接

一、中西餐摆台的概念和分类

1. 摆台的概念

摆台就是为就餐的宾客确定席位，提供必需的就餐用具的工作，或指餐台、席位的安排和台面的摆设。

2. 摆台的分类

（1）按类别分　可以分为中餐台面、西餐台面和中西混合台面。

① 中餐台面：使用中式餐具，吃中式菜肴。

② 西餐台面：使用西式餐具，吃西式菜肴。

③ 中西混合台面：既摆中式餐具又摆西式餐具。

（2）按用途分　可以分为食台和看台。

① 食台：供顾客就餐的餐台，以使用方便为主，餐具也比较简单，不进行刻意的雕琢和装饰。食台又可以分为"素台面"和"花台面"两种。

② 看台：专供顾客观赏的台面。一般是摆在饭店的大厅起着烘托气氛而用的。

3. 台面的命名方法

（1）常见花台　围台、古钱台、花墩台、七星台、彩蝶台、金鱼台、泥鳅台、五星捧月台、插花台等。

（2）常见中餐台面　方桌台面和圆桌台面。

（3）常见西餐台面　小方桌台面、小圆桌台面、厢坐台面等。

二、中西餐摆台的基本要求

（1）摆台要尊重各民族的风俗习惯，符合各民族的礼仪。

（2）小件餐酒具的摆设要配套齐全、整齐划一、均匀美观、相对集中，既方便宾客用餐，又便于席间服务。

（3）装饰台面的造型要美观得体，有艺术性。

（4）操作时必须谨慎小心，手法得当，讲究卫生。

（5）自始至终按顺时针方向摆放，使人看了有流畅感。

三、中餐筵席摆台

1. 确定席位

首先确定主人位，根据餐厅具体环境而定，如面朝餐厅正中位置或餐厅里最突出醒目的位置和重要装饰面的面前正中位置都可。主人位确定后要安排主宾（第一宾客）位，主宾位置安排在主人位右侧的首席位置上。

副主人的位置安排在主人位对面，以便主人和副主人能招待好整个餐桌两头的客人。副主宾（第二宾客）位有两种安排方法，一是安排在主人位左侧首席位置，二是安排在副主人位右侧的首席位置。两种方法均可，要视宴请客人要求而定。其他的座次按顺序安排。

2. 确定餐具

宴会餐具的选择视宴会的需求而定，高档宴会需摆银器餐具和水晶刻花的玻璃杯类，以体现宴会档次的规格。

3. 餐、酒用具的摆放

（1）骨碟的摆放　将餐具码好放在垫好餐巾的托盘内，左手托托盘，右手摆放，从正主人位开始顺时针方向依次摆放，碟与碟之间距离相等，距桌边1厘米。正、副主人位的骨碟应摆放在台布鼓缝线的中心位置。

（2）口布的摆放　将折好的口布摆在骨碟上，观赏面朝向客人。

（3）酒具的摆放　葡萄酒杯杯柱应对正骨碟中心，葡萄酒杯底托边距骨碟3厘米；白酒杯摆在葡萄酒杯的右侧，水杯摆在葡萄酒杯左侧，三套杯的中心应横向成为一条直线，杯口与杯口距离1.5厘米，酒具的花纹要正对客人。摆放时应将酒杯扣放在托盘内。

（4）筷架、筷子的摆放　筷架应放在骨碟右侧，筷子摆在筷架上，筷尖距筷架5厘米，筷底距桌边1厘米，筷身距骨碟18.5厘米，筷子左侧摆银质长柄勺置于筷架上。

（5）牙签的摆放　包装牙签摆在长柄勺右侧，牙签底边与长柄勺底边间距3厘米，店标正面朝上。

（6）公用勺、公用筷的摆放　应放置在正、副主人席位的正前方，距葡萄酒杯底托2厘米，并排摆在筷架上，公用勺放在靠桌心一侧，公用筷放在靠桌边一侧，筷子尾端和勺把一律向右。10人以下摆放两套公用餐具，12人以上应摆四套，其中另外两套摆在台布的十字线两端，应呈十字形。

（7）烟灰缸的摆放　从正主人席位右侧开始，每隔两个座位摆放一个，烟灰缸前端应在水杯的外切线上，架烟孔要朝向两侧的客人。

（8）火柴的摆放　火柴应摆在靠桌心一侧的烟灰缸上，火柴盒的封面朝上，火柴磷面向桌边一侧。

（9）餐椅的摆放　从第一主人位开始按顺时针方向依次摆放，餐椅椅边沿刚好靠近下垂台布为准，餐椅之间距离均等。

（10）菜单、台号的摆放　一般10人以下摆放两张菜单，摆放于正、副主人位的左侧。平放时菜单底部距桌边1厘米，立放时菜单开口处分别朝向正、副主人；12人以上应摆放四张菜单，并呈"十"字形摆放。大型宴会应摆放台号，台号一般摆放在每张餐台的下首，台号朝向宴会厅的入口处，使客人一进餐厅便能看到。

4. 中餐宴会摆台效果要求

台布各种餐具、用具摆放整齐一致，布局合理、美观，间距均等，摆放位置准确，花纹图案对正，台面用具洁净、无破损。

四、西餐筵席摆台

（一）基本要领

左叉右刀，先里后外，刀口朝盘，各种餐具成线，餐具与菜肴配套。

（二）台面物品

花瓶放在桌子中央，花瓶前摆盐和胡椒，左盐右胡椒，盐和胡椒前面放牙签筒，牙签筒前面是烟灰缸，烟灰缸缺口对准盐和胡椒的中缝，桌垫摆在桌子正中央。

摆台前，应将摆台所用的餐、酒用具进行检查，发现不洁或有破损的餐具要及时更换，用时要保证用品符合干净、光亮、完好的标准。摆放时，手不可触摸盘面和杯口。

摆台时，要用托盘盛放餐具、酒具及用具。摆放金、银器皿时，应佩戴手套，保证餐具清洁，防止污染。

（三）摆放餐、酒用具的顺序与标准

1. 摆展示盘

可用托盘端托，也可用左手垫好口布。口布垫在餐盘盘底，把展示盘托起，从主人位开始，按顺时针方向用右手将餐盘摆放于餐位正前方，盘内的店徽图案要端正，盘边距桌边1.5厘米，餐盘间的距离要相等。

2. 摆面包盘、黄油碟

展示盘左侧10厘米处摆面包盘，面包盘与展示盘的中心轴对齐，黄油碟摆在面包盘右前方，距面包盘1.5厘米，图案摆正。

3. 摆餐刀、叉、勺

从展示盘的右侧顺序摆放餐刀、叉、勺。摆放时，应手拿刀、叉、勺柄处，从主刀开始摆。

（1）主刀摆放于展示盘的右侧，与餐台边呈垂直状，刀柄距桌边1厘米，刀刃向左，与展示盘相距1厘米。

（2）鱼刀、头盘刀、汤勺、餐具摆放间距0.5厘米，手柄距桌边1厘米，刀刃向左，勺面向上。

（3）主叉放于展示盘左侧，与展示盘相距1厘米，叉柄距桌边1厘米。

（4）摆放鱼叉时，鱼叉柄距桌边5厘米，叉头向上突出。头盘叉（开胃叉）叉面向上，叉柄与主叉柄平行。甜食叉放在展示盘的正前方，叉尖向左与展示盘相距1厘米。

（5）甜食勺放在甜食叉的正前方，与叉平行，勺头向右，与甜食叉的叉柄相距0.5厘米。

（6）黄油刀斜放在面包盘上，刀刃向左，黄油刀中心与面包盘的中心线吻合，刀柄朝右下方，与面包盘水平线成45°。

（7）在展示盘的正前方摆水果刀、叉时以叉压刀摆成斜十字形，刀刃向左下方，刀柄指向右下方，叉尖指向右上方，叉柄指向左下方。也可将甜食勺放在水果刀、叉的上面，勺面向上，勺柄朝右。

4. 摆酒具

摆酒具时，要拿酒具的杯托或杯底部。

（1）水杯摆在主刀的上方，杯底中心在主刀的中心线上，杯底距主刀尖2厘米。

（2）红葡萄酒杯摆在水杯的右下方，杯底中心与水杯杯底中心的连线与餐台边成45°，杯壁间距0.5厘米。

（3）白葡萄酒杯摆在红葡萄酒杯的右下方，其他标准同上。

5. 摆餐巾

餐巾折花放于展示盘内，餐巾折花花形搭配适当，将观赏面朝向客人。

6. 摆蜡烛台和胡椒、盐瓶

西餐宴会一般摆两个蜡烛台，蜡烛台摆在台布的中线上，餐台两侧适当的位置。胡椒、盐瓶要在台布中线上按左盐右胡椒对称摆放，瓶壁相距0.5厘米，瓶底与蜡烛台台底距离2厘米。

7. 摆烟灰缸、火柴

烟灰缸要放在正、副主人的正前方，它的中心在正、副主人展示盘的中心垂直线上，距胡椒、盐瓶2厘米。火柴平架在烟灰缸上端，画面向上。摆放时，从第一主人右侧开始，每隔一位摆放一个烟灰缸。

（四）西餐摆台的要领

注意西餐餐具摆放的顺序，先摆餐盘（装饰盘）定位，后摆各种餐刀、叉、匙，再摆面包盘等，最后摆各种酒杯。餐具摆好后，在餐盘中摆上餐巾花，桌子中间摆上花瓶、胡椒粉瓶和盐瓶，还有糖缸和蜡烛台等。摆台时注意手拿瓷器的边沿，刀叉匙的把柄，在客人右侧摆刀匙，左侧摆叉。银餐具要用餐巾包着摆放或戴手套。破损或脏的餐具要及时挑出来。西餐具的摆法在各地不尽一样，在国外又有法式、美式、俄式等区别，但基本要领是：餐盘正中、盘前横匙、左叉右刀、先里后外、叉尖向上、刀口朝盘、主食靠左、餐具在右。

西餐宴会各种台形宾主席位的安排大致相同。主人席通常安排在席台上方正中，主宾席位安排在主人右边，副主宾安排在主人席位的左边，其他客人则从上到下，从右至左依次排列。

五、中西餐摆台的注意事项

（1）摆台操作前要洗净双手并消毒。
（2）使用托盘将所用餐具、用具整理好，并检查是否已经清洁或有破损。
（3）将转盘放在餐桌的中心位置上，注意搬抬的姿势的优美。
（4）按规定摆放程序和标准，将各类餐具、酒具、牙签、烟灰缸、餐单、鲜花等依次摆放在适当位置。摆放餐具从主人位开始，按顺时针顺序摆放。
（5）摆台时动作要轻稳，不能发出碰撞的声音。
（6）拿餐具时手指不能接触到刀口、杯口以及客人嘴部能触及的部位。
（7）整体检查台面，保证餐具、用具齐全，摆放一致，无破损。

任务3　餐巾折花基本技能

◎ **任务驱动**

1. 餐巾折花的分类
2. 餐巾折花的基本方法

◎ 知识链接

一、餐巾概述

1. 餐巾的定义

餐巾又名口布、茶巾、席巾、花巾等,是人们就餐时用的保洁面巾。

2. 餐巾的作用

将餐巾折成各种花形,插在杯上或骨盘上,已成为一种普通的台面摆设。

(1)保洁　如放在就餐者的胸前或双腿上,防止水和菜汁溅在身上,也可用以擦拭餐具等。

(2)美观　折成各种花形,用以装饰点缀席面烘托气氛。餐巾是无声的语言,能够美化宴会的主题,增加热烈的气氛。

(3)标明宾主席位　如折出较高或较突出的类型,以示主人的席位。

(4)宣传　如在餐巾纸上加印店名、预订电话等。客人可以带走此餐巾。

3. 餐巾常见的色泽、尺寸、质地

(1)色泽　以白为主,其次是鹅粉色、黄色、粉红色、绿色、浅蓝色等颜色。

①白色餐巾给人以洁白、端庄、卫生、雅致的感觉。

②粉色餐巾主要适合喜庆的筵席。

③蓝色是冷色,主要用于庄重的场合。

④绿色是中性色泽,适用于特别的场合,如流动的船宴、湖边的聚会等,以和周围的环境、氛围相协调。

(2)尺寸　40~50厘米见方,根据实际使用效果和筵席的规格档次来定。

(3)质地　主要是棉布制品和涤纶化纤制品两种,另外有纸质的。

①棉布制品:优点是吸水性强、去污强、挺括、易折、造型较好;缺点是每次洗后浆或烫熨较麻烦。

②涤纶化纤制品:优点是较平整,使用方便、易洗、不用烫;缺点是耐温度性差。

二、餐巾折花的分类

为提高服务的质量和突出宴会的气氛,餐厅的服务人员在掌握餐巾折花技能的基础上,根据餐巾和台布的颜色以及餐具的规格等进行构思,使折叠出来的餐巾花同筵席台面融为一体,给人艺术上的享受。另外,还要根据中西餐的要求、特点和服务对象的不同分别折成不同的餐巾花。

1. 定义

餐巾折花是采用不同的折花方法，将餐巾折叠成各种各样的造型，用以点缀装饰席面。

2. 分类

（1）按造型种类与摆设工具分　可以分为杯花和盘花两类。

① 杯花：一般需插入杯中以完成造型，取出餐巾即散形。

② 盘花：一般放入骨碟里或直接放在餐桌上，一般西餐台面都用。盘花的特点是造型快速、折叠简单、美观大方。

（2）按餐巾花造型外观分　可以分为动物形、植物形和器物形。

① 动物形：以鸟、禽、虫、鱼、兽等为主。

② 植物形：四季花卉、夏荷、秋菊、冬梅等造型较多，也常用。

③ 器物形：多模仿生活中的实物，如折扇、日本和服、西服等。

三、餐巾折花的作用

首先，餐桌布置使用餐巾花是为了美化席面、点缀餐桌。隆重而热烈的就餐气氛，仅有食品是不够的，通过服务员的精心折叠，可使小小的餐巾变成栩栩如生的花、鸟、虫、鱼等各种造型的餐巾花，在布置餐桌时就能起到点缀席面、美化餐桌的作用。它能给酒席和宴会增添热烈欢快的气氛，给宾客以美的享受。

其次，餐桌布置使用餐巾花是为了突出主题、渲染气氛。宴会酒席的目的性质、规模、规格各不相同，主题不同的宴会酒席上使用不同的造型餐巾花来渲染气氛，会给宾主造就一个舒适优美的就餐环境，更增添隆重热烈的就餐气氛。

再次，餐桌布置使用餐巾花是为了标志宾主席位，以示对宾客的尊重。餐桌布置时使用餐巾花，可以起到标志主、宾席位的作用。主席位上可摆设既简单又较高造型的餐巾，如"大叶海棠"等，而主宾席位上可摆设"迎宾花篮"。不言而喻，这是主人对来宾的热烈欢迎。餐巾花对于交流宾主之间的感情，能起到独特的效果。

四、餐巾折花的选择

零点餐厅的餐巾花宜为简单的杯花或盘花。宴会酒席较之零点餐厅的餐饮服务档次高，自然布置应协调，以显示对来宾的尊重。而零点餐厅提供随到随点随吃的服务，且零点服务规模小，因此只需折叠简单的杯花和盘花。

团体餐厅餐巾花布置应体现团体风貌，统一造型的餐巾花将会更显整齐和美观。目前来我国境内旅游的各国来宾，除特邀的军政要员之外，一般团体宾客较多。统一造型的餐巾花，特别是平放在服务盘上的"盘花"，虽然造型简单，但美观大方，操作快捷，适用于接待团体宾客。

宴会厅堂服务时，应选择造型各异、折法多变、美观精致的餐巾花，以更有效地烘托宴会厅堂的气氛。

究竟选择什么造型的餐巾花，一般应依据宴会的规模大小、档次高低和不同主题而定，总的原则有以下几点。

（1）根据宴会性质选择花形　依据宴会的性质来分，可分国宴、正式宴会、普通宴会、酒会等。如果是国宴，它的档次高，选择的厅堂富丽堂皇，那么选择造型高大的花与叶餐巾花一定适合，这样才能烘托宏大的气氛，才会收到更好的效果。

（2）根据宴会规模选择花形　一般大型的宴会（如国庆招待会）可选用简单、快捷、挺括、美观的花形。小型的宴会可以在同一桌上使用各种不同的花形，精致玲珑的餐巾花无形中表达了对宾客的欢迎和款待。

（3）根据时令季节选择花形　用台面上的花形反映出季节特色，使宾客感受到时令变化，如，春天时折叠"飞蝶探花"；夏天时折叠"清风徐来"；秋天时折叠"枫叶飒爽"；冬天时折叠"梅花探春"。

（4）根据宾客身份、宗教信仰、风俗习惯和爱好选择花形　如，日本宾客喜欢"千寿海龟"，有祝福长寿之意；世界人民希望和平，接待某国军政要员时可折叠和平幼鸽等。此外，民间的婚宴、寿宴、儿童生日宴时的餐巾花选择，也应做到有针对性，恰到好处。

一般来说，结婚喜宴上，餐巾花可选用"鸳鸯""喜鹊""玫瑰花"等花形，这是表达人们对新人的美好祝愿。在为老年人举行的寿宴上，餐巾花宜选用"寿桃""仙鹤""老树新芽"等花形，这是对健康长寿的祝福，会使老年人感到高兴。在为儿童举行生日宴时，餐巾花可选用"金鱼""蜜蜂""蝴蝶"等花形，因为儿童喜欢各种动物，这些餐巾花一定会增加小朋友的食欲和趣味。

五、餐巾折花的方法

餐巾折花有10种基本方法，它概括了餐巾折花的一般折叠规律。熟悉这些折叠法的特点，对于掌握折叠的手工技巧和创造更多、更美的餐巾折花造型是十分必要的。

（1）正方折叠　餐巾的相对巾边平行，两次对折成正方形。即第一次对折成长方形，第二次对折成正方形（原餐巾的四分之一），这是一种使用较多的折花基本方法。

（2）长方折叠　长方折叠有两种方法：一是双层长方形，同正方形折叠的第一次叠法一样；二是多层窄长方形，以折叠层次的多少、距离的改变来满足不同造型的要求。

（3）长方翻角折叠　将餐巾对边相叠成长方形后，再将巾角翻上的一种折叠方法。巾角的翻折有单面翻角、双面翻角、交叉翻角等变化。可以通过变化折叠的层次、翻角的数量、角度的大小来达到改变不同造型的目的。

（4）条形折叠　条形折叠就是将餐巾摆平，直接折裥或先对折后折裥使餐巾成为多层次的细长条形的一种折叠方法，条形折叠法有对边平行折裥和对角折裥两种方法。

（5）三角折法　将餐巾的相对角对折成两层三角形，或再将三角形的底边对角折成四层三角形。在三角形的基础上，通过卷折、翻折角、插入等方法来改变折花造型。

（6）菱形折法　菱形折法是将餐巾相对角的两边分别向角的中线对折两次，形成菱形的折叠方法。通过变化折裥的数量，用以调节折叠余下两端的距离，或改变中间相叠部位的宽窄距离，就可以达到不同造型的目的。如不少鸟类和某些动物的造型，均采用此种折叠法。

（7）锯齿折叠　将餐巾按长方形的折法对折，但不要使两角重合，要四角错位，分别成为两个锯齿形，再把角对折即成双齿状。

（8）尖角折叠　将餐巾的一角固定，该角的两边分别向中间折叠或向中间卷折成尖角形，此种方法适用于折叠一头大、一头小的物体造型。

（9）提取翻折　将餐巾摆平，用手指挡住餐巾的中心、四角或四边的中点直接提起，或是固定中心，转动四周巾边，再提取翻折即成，此法提取较简单，但要注意，提取时四角部位不能偏斜，翻折后的巾角要大小一致，否则会影响造型的美观。

（10）翻、折角折叠　将餐巾的一角或数角通过翻折造型或折裥后进行翻折，用翻、折、裥组合的一种叠法。折角组合的叠比较麻烦，几角同时折裥，在组合时必须十分细心，不能乱了次序，否则无法成形。

■ 思考题

1. 宴会服务的内容有哪些？
2. 宴会中的就餐服务有哪些？
3. 宴会上菜时应注意什么？
4. 目前中餐筵席中有哪几种派菜方法？
5. 筵席间服务应注意什么？
6. 宴会服务的注意事项有哪些？
7. 什么是摆台？中餐摆台有哪些要求？
8. 什么是餐巾折花？餐巾折花有哪些种类？
9. 餐巾折花有哪些作用？

项目 8
中国古今名宴欣赏

◎ 学习目标

本项目主要了解中国古代名宴的形成和特点以及相关知识。

◎ 学习重点

1. 名宴的种类
2. 名宴的特点
3. 名宴的相关知识

任务　中国古今名宴欣赏

一、满汉全席

满汉全席是我国一种具有浓郁民族特色的巨型筵席。既有宫廷菜肴之特色，又有地方风味之精华；突出满族菜点特殊风味，烧烤、火锅、涮锅等所用菜点不可缺少，同时又展示了汉族烹调的特色，扒、炸、炒、熘、烧等兼备，实乃中华菜系文化的瑰宝。满汉全席原是官场中举办宴会时满人和汉人合坐的一种全席。满汉全席上菜一般至少108种，分3天吃完。满汉全席菜式有咸有甜，有荤有素，取材广泛，用料精细，山珍海味无所不包。

满汉全席菜点精美，礼仪讲究，形成了引人注目的独特风格。满汉全席分为6种宴，均以清宫著名大宴命名，汇集满汉众多名馔，择取时鲜海味。全席计有冷荤热肴196品，点心茶食124品，计肴馔320品。采用全套粉彩万寿餐具，配以银器，富贵华丽，用餐环境古雅庄重。席间专请名师奏古乐伴宴，沿典雅遗风，礼仪严谨庄重，承传统美德，侍膳奉敬校宫廷之周，令宾客流连忘返。全席食毕，可使宾客领略中华烹饪之博精，饮食文化之渊源，尽享万物之灵之至尊。

1. 蒙古亲藩宴

此宴是清朝皇帝为招待与皇室联姻的蒙古亲族所设的御宴。一般设宴于正大光明殿，由满族一、二品大臣作陪。历代皇帝均重视此宴，每年循例举行。而受宴的蒙古亲族更视此宴为大福，对皇帝在宴中所例赏的食物十分珍惜。《清稗类钞·蒙人宴会之带福还家》一文中说："年班蒙古亲王等入京，值颁赏食物，必携之去，曰带福还家。若无器皿，则以外褂兜之，平金绣蟒，往往为汤汁所沾濡，淋漓尽致，无所惜也。"

2. 廷臣宴

廷臣宴于每年上元节后一日即正月十六日举行，是时由皇帝亲点大学士及九卿中有功勋者参加，固兴宴者荣殊。宴所设于奉三无私殿，宴时循宗室宴之礼。皆用高椅，赋诗饮酒，每岁循例举行。蒙古王公等也参加。皇帝借此施恩来笼络属臣，而同时又是廷臣们功禄的一种象征形式。

3. 万寿宴

万寿宴是清朝帝王的寿诞宴，也是内廷的大宴之一。后妃王公，文武百官，无不以进寿献寿礼为荣。其间名食美馔不可胜数。如遇大寿，则庆典更为隆重盛大，派专人专司。衣物首饰，装潢陈设，乐舞宴饮一应俱全。光绪二十年十月初十日慈禧六十大寿，于光绪十八年就颁布上谕，寿日前月余，筵宴即已开始。仅事前江西烧造的绘有万寿无疆字样和吉祥喜庆图案的各种釉彩碗、碟、盘等瓷器，就达两万九千一百七十余件。整个庆典耗费白银近一千万两，这在中国历史上是空前的。

4. 千叟宴

千叟宴始于康熙，盛于乾隆时期，是清宫中规模最大、与宴者最多的盛大御宴。康熙五十二年在阳春园第一次举行千人大宴，康熙帝席赋《千叟宴》诗一首，固得宴名。乾隆五十年于乾清宫举行千叟宴，与宴者三千人，即席用柏梁体选百联句。嘉庆元年正月在宁寿宫皇极殿再次举办千叟宴，与宴者三千零五十六人，即席赋诗三千余首。后人称千叟宴是"恩隆礼洽，为万古未有之举"。

5. 九白宴

九白宴始于康熙年间。康熙初定蒙古外萨克等四部落时，这些部落为表示投诚忠心，每年以九白为贡，即白骆驼一匹、白马八匹，以此为信。蒙古部落献贡后，皇帝设御宴招待使臣，谓之九白宴。每年循例而行。后来道光皇帝曾为此作诗云："四偶银花一玉驼，西羌岁献帝京罗。"

6. 节令宴

节令宴是指清宫内廷按固定的年节时令而设的筵宴。如元日宴、元会宴、春耕宴、端午宴、乞巧宴、中秋宴、重阳宴、冬至宴、除夕宴等，皆按节次定规，循例而行。满族虽有其固有的食俗，但入主中原后，在满汉文化的交融中和统治的需要下，大量接受了汉族的食俗。又由于宫廷的特殊地位，逐使食俗定规详尽。其食风又与民俗和地区有着很大的联系，故腊八粥、元宵、粽子、冰碗、雄黄酒、重阳糕、乞巧饼、月饼等仪器在清宫中一应俱全。

二、烧尾宴

烧尾宴是唐代著名的宴席之一。"烧尾宴"的风习，是从唐中宗时期开始的，玄宗开元停止，仅仅流传了二十年的光景。据《封氏闻见录》记载，士人初登第或升了官级，同僚、朋友及亲友前来祝贺，主人要准备丰盛的酒撰和乐舞款待来宾，名为烧尾，并把这类筵席称为"烧尾宴"。对于"烧尾"一词的含义，说法不一：一说是人之地位骤然变化，如同猛虎变人一般，尾巴尚在，故需将其烧掉；二说新年初入羊群，会因受羊群干犯而不得安宁，只有火烧新羊之尾才会安定下来，人从平民进入士大夫阶层，如同新羊出入羊群一样，一时难以适应新环境，故称之为"烧尾"；三说源于鲤鱼跃龙门，必有天火把尾巴烧掉才能变成龙。

据史料记载，唐中宗时，韦巨源于景龙年间官拜尚书令，便在自己的家中设"烧尾宴"请唐中宗。

三、曲江宴

唐时考中的进士，放榜后大宴于曲江亭，又名曲江会。唐代新科进士正式放榜之日恰好就在上巳之前，上巳为唐代三大节日之一，这种游宴，皇帝亲自参加，与宴者也经皇帝"钦点"。筵席间，皇帝、王公大臣及与宴者一边观赏曲江边的天光水色，一边品尝宫廷御宴的美味佳肴。曲江游宴种类繁多、情趣各异。其中以上巳节游宴、新进士游宴最为隆重，在历史上的影响最为深远。考中进士既然是一件大事，自然是要庆祝一番的，庆祝的形式就是曲江大会，即曲江宴。因为宴会往往是在关试后才举行，所以也称"杏园宴"，以后逐渐演变为诗人们吟诵诗作的"诗会"。按照古人"曲水流觞"的习俗，置酒杯于流水中，流至谁前则罚谁饮酒作诗，由众人对诗进行评比，称为"曲江流饮"。至唐僖宗时，也在曲江宴中设"樱桃宴"，专门用来庆祝新进士及第。

四、鹿鸣宴

鹿鸣宴是古代地方官员为祝贺考中贡生或举人的"乡饮酒"宴会，起源于唐代，明清沿袭。饮宴之中必须先奏《鹿鸣》之曲，随后朗诵《鹿鸣》之歌以活跃气氛，显示某公才华。《鹿鸣》原出自《诗经·小雅》中的一首乐曲，一共有三章，三章头一句分别是"呦呦鹿鸣，食野之苹""呦呦鹿鸣，食野之蒿""呦呦鹿鸣，食野之芩"。其意为鹿发现了美食不忘伙伴，发出"呦呦"叫声招呼同类一块进食。古人以此举来收买人心，展示自己礼贤下士。古人还以乐歌"用于宾宴则君臣和"，有了美食而不忘其同伙，展示这是君子之风。不过此宴只是发达地区才认为时尚，穷困之地却不时兴，民国以后消失殆尽。

五、探春宴

探春宴与裙幄宴是唐代开元至天宝年间仕女们经常举办的两种野宴活动。"探春宴"的参加者多是官宦及富豪之家的年轻妇女。据《开元天宝遗事》记载，该宴在每年农历正月十五后的"立春"与"雨水"二节气之间举行。此时万物复苏，达官贵人家的女子们相约做伴，由家人用马车载帐幕、餐具、酒器及食品等，到郊外游宴。首先踏青、散步游玩，呼吸清新空气，沐浴和煦的春风，观赏秀丽的山水。然后选择合适的地点，搭起帐幕，摆设酒肴，一面行令品春（在唐代，"春"含有两重意义：一是指一般意义的春季；二是指酒。故称饮酒为"饮春"，称品尝美酒为"品春"）；一面围绕"春"字进行猜谜、讲故事、作诗联句等娱乐活动，至日暮方归。

此宴具有鲜明的女性特色，这与性别心理、社会伦理观及时代风习均有密切关系。

六、酒船宴

酒船宴属于野宴范畴，但别具特色。筵席举办之日人们泛舟看景、饮酒取乐、听歌伎弹唱，别具风趣。唐文宗开成年间春天，河南府尹李待价准备在上巳节按当地风俗举行"祓禊"活动，让文臣武官及文人雅士齐聚洛水游宴赋诗。李府尹将此事说与洛阳县令裴令公，裴留守便请在洛阳做太子少傅的著名诗人白居易、太子宾客萧籍、刘禹锡、李仍叔、前中书舍人郑居中、国子司业裴恽、河南少尹寺道枢、仓部郎中崔晋、司封员外郎张可续、驾部员外郎卢言、虞部员外郎苗愔、检校礼部员外郎杨鲁士和州刺史裴恰等15名文人前来凑趣。宋朝时船宴之风亦盛，扬州城瘦西湖沙氏制造的酒船号"沙飞舟"，船舱里还设有炉房，名茶美酒及馔肴无不齐备。《题临安邸》一诗就显示出当时的这种奢靡之风："山外青山楼外楼，西湖歌舞几时休？"

七、一品宴

过去封建社会除了皇帝就只有宰相是最大的官。"一品宰相为皇上，叫你跪倒莫想爬。三公六卿都怕他，挟天子以令诸王。"旧时宰相上任，尚书以下的大臣都要拜谒，一品大员自然会办筵席款待，宰相认为下属送来众多礼品自己也应当还礼，于是就办"一品宴"款待众卿。一品宴之豪华程度要根据宰相府的经济而论，也有的宰相并不崇尚此风，比如唐代的张九龄、魏征，清代的王杰等人。一品宴一般是荤素菜品兼半，面子上很节约，实际耗费是相当大的。比如南宋时的秦桧和张俊之流，办生日宴请宋高宗，一次就花去数万两白银、燕窝、鲍鱼不足为奇，还收罗了一些不知名的异味。到清代中期还出现了"一品锅"。

八、琼林宴

琼林宴是为殿试后新科进士举行的宴会，始于宋代。宋太祖规定，在殿试后由皇帝宣布登科进士的名次，并赐宴庆贺。由于赐宴都是在著名的琼林苑举行，"琼林苑"是设在宋京汴京（今开封）城西的皇家花园。宋徽宗政和二年以前，在琼林苑宴请新及第的进士，故该宴有"琼林宴"之称。《宋史·乐志四》记载："政和二年，赐贡士闻喜于辟雍，仍用雅乐，罢琼林苑宴。"所以政和二年以后，又改称"闻喜宴"。元、明、清三代，又称"恩荣宴"。虽名称不同，其仪式内容大致不变，仍可统称"琼林宴"。据记载，辽也曾设宴招待新科进士，地点在内果园或礼部，但也沿袭宋人，称之为"琼林宴"。宋朝状元文天祥曾有一首《御赐琼林宴恭和诗》描写琼林宴盛况："奉诏新弹入仕冠，重来轩陛望天颜。云呈五色符旗盖，露立千官杂佩环。燕席巧临牛女节，鸾章光映壁奎间。献诗陈雅愚臣事，况见赓歌气象还。"

九、文会宴

文会宴是中国古代文人进行文学创作和相互交流的重要形式之一。形式自由活泼，内容丰富多彩，追求雅致的环境和情趣，一般多选在气候宜人的地方。席间珍肴美酒、赋诗唱和、莺歌燕舞。历史上许多著名的文学和艺术作品都是在文会宴上创作出来的。著名的《兰亭集序》就是王羲之在兰亭文会上写的。

十、诈马宴

诈马宴是融宴饮、歌舞、游戏和竞技于一体的元朝宫廷大宴，又称"质孙宴"。距今700多年前，元朝皇帝忽必烈每年巡幸上都（今内蒙古正蓝旗境内）都要摆"质孙宴"招待王公贵族。

诈马宴的菜分六大道，第一道是天赐乳香，主要是奶制品；第二道是那颜朝会，指的是羊腿肉；第三道是可汗赐福，指的是烤全牛；第四道是蒙古八珍，用草原上生长的绿色无污染的草原蘑菇、沙葱、枸杞、黄花、山野菜等原料制作而成；第五道是塞外三宝，主要是黄金炸糕、莜面饺饺等；第六道是盛宴惜别，喝黄金茶。

按照元朝宫廷大宴的传统习惯，赴宴者要在外厅更换质孙服，即衣冠颜色完全一致的蒙古族服饰。身着华丽质孙服的宾客们依次落座后，由德高望重者宣读成吉思汗的法令，由此拉开宴会的帷幕。

与传统诈马宴相比，现代诈马宴有了很大改进。据布仁巴雅尔介绍，现代诈马宴在烹制方法上融入了很多现代因素。如史书记载，烤全牛是将剥过皮的全牛放入烤窑里，烘烤两天两夜才能出窑。而今天的烤全牛用烤箱烘烤八个小时就能上桌。现代诈马宴的全程也由史书上记载的三日缩短为两个小时。

现代诈马宴也是一场蒙古族原生态音乐的盛宴。宴会上演唱《天马吟》《牧马歌》等从元代流传下来的音乐，表演优美的宫廷舞蹈。

十一、全羊席

全羊席，蒙古语称之为秀什或不禾勒，是蒙古族招待贵宾的传统筵席，又称整羊席，是蒙古民族最古老、最隆重的一种筵席。一般只在盛大宴会、隆重集会、举行婚礼或接待高级贵宾时摆设。将整羊加工后摆在长方形的大木盘里，像一只卧着的活羊，肉味鲜美，香飘满堂，浓郁扑鼻。宾客在进餐前，还要举行一定的仪式，高唱赞歌，朗诵献整羊的祝词等。据文献记载，成吉思汗曾设过全羊宴。忽必烈登基时，也设全羊宴祭神祇、待宾客。到了清代，全羊宴更加盛行，北京罗王府和内蒙古各盟旗王府中，都以全羊宴接待来宾。

锡伯族称之为"莫尔雪克"，意思是"碗里盛的菜肴"。这个菜肴是用羊身上的杂碎做的，需要新鲜的羊心、肝、肺、大肠、小肠、肾、羊舌、羊眼、羊耳朵、羊肚、羊蹄、羊血等材料。每种材料做两种带汤的菜，分别盛在16个瓷碗里，不能盛满，随吃随添，始终保持食物温度，每碗菜上要撒少许香菜和葱花，用来装饰和提味，品味时，还配有各种蔬菜腌制的"花花菜"和美酒。此席是锡伯族用来款待贵客和亲朋好友的，羊肉汤和羊肉，还有烙得很薄的发面饼也会伴席端出。

全羊席属高档筵席，其文字记载最早见于清代著名文学家、美食家袁枚的《随园食单》："全羊法有七十二种，可吃者，不过十八、九种而已。此屠龙之技，家厨难学。一盘一碗虽全是羊肉，而味各不同才好。"

至1912年，全羊席已日臻完善，发展成为礼仪庄重、程式严谨、菜肴精致、配膳合理的盛筵。除108道全羊菜品外，上菜之前要有四干、四鲜、四蜜饯、四青菜、四冷菜、四甜碗；上菜之中插四甜、四咸点心及醒酒汤；席末要上四种主食和四种汤菜，使整个全羊席的菜点达150余种。据考，这种全羊席最早出现在天津，是在清末民国初餐饮鼎盛时期，在号称清真十二楼的大饭庄激烈竞争中日趋完善的，并产生了天津风味清真菜，擅长烹制河海两鲜、山珍海味和全羊席的一代名厨——会芳楼的穆祥珍和鸿宾楼的宋绍山等。在这些名厨的探索、创新中，全羊席已达到了"食羊不见羊，食羊不觉羊"的完美境界。每道菜品取料极为精细，取名极为奇巧，烹调极为高超，组合极为考究，如取羊耳可做三种菜，耳尖为"迎风扇"、耳中为"双飞翠"、耳根为"龙门角"；鼻能做三种菜，鼻尖为"采灵芝"、鼻梁肉为"望峰坡"、鼻脆骨为"明骨鱼"；舌也能做三种菜，舌尖为"落水泉"、舌根为"迎草香"、舌旁颊肉为"饮涧台"；羊心从心头至心尖可烹为六道菜，鼎炉盖、提炉顶、凤头冠、爆炒玲珑、七孔灵台、安南台；上下眼皮烹制的菜名为"明开夜合"等。取名之高妙，寓意之贴切令人拍案叫绝。同时还有借"八珍"取名的，如干炸龙肝、清烩凤髓、红烧豹胎、香糟猩唇、黄焖熊掌、清炖鹿筋等；也有"会意"吉祥的，如寿天百禄、满堂五福、三阳开泰、八仙过海、百子葫芦、吉祥如意等，使全羊席不仅满足了顾客的眼目之福、口腹之欲，也给食客带来艺术上的享受，充分体现出中国饮食文化的博大精深。

1917年，徐珂编撰的《清稗类钞》中《饮食类·全羊席》记载："清江庖人善治羊，如设盛筵，可以羊之全体为之。蒸之，烹之，炮之，炝之，爆之，灼之，熏之，炸之。汤也，羹也，膏也，甜也，咸也，辣也，椒盐也。所盛之器，或以碗，或以盘，或以碟，无往而不见为羊也。多至七八十品，品各异味。号称一百有八品者，张大之辞也。中有纯以鸡鸭为之者。即非回教中人，亦优为之，谓之曰全羊席。同、光间有之。"这段文字较翔实地记载了全羊席的烹制方法、菜品形状和品味以及盛菜器皿，并注明全羊席流行于清朝同治、光绪年间（1862—1908年）。徐珂的记载与袁枚相比较，菜品总数由72种增加到108种，实际制作的也由近20种增加到近80种，表明了全羊席发展、完善的过程。

署名"同治五年丙寅岁季冬月逆五日，程记录"的《筵款丰馐依样调鼎新录》手抄本则记录了当时全羊席的菜品名称与烹制方法。记有60余种菜品：云顶盖、顺风耳、千里眼、闻草香、鼻脊管、口叉唇、上天梯、巧舌根、双黄喉、胳膈肉、桃核囫、白云花、玲珑心、白页肺、蜂窝肚、伞把头、菊花肠、水珠子、枣泥肝、麒麟筋、鸳鸯腰、胆邦条、千层肚、呼狼盏、银丝肚、夹沙肝、拌净瓶、羊双膝、玻璃丝、天花板、娥眉元、西洋卷、羊子盖、金钱尾、糟羊肝、溜肺丁、双皮鳞、里脊丝、炒荔枝、锅煎肉、炸肝卷、青香菜、腰窝油、千子签、风云肺、白云条、十景菜以及用羊肉、羊血制作的腐、酪、肠、汤等菜品。

时至20世纪80年代，宴宾楼的工春彤师傅不仅整理了"全羊席"，又在原全羊大菜的基础上创制出"滑炒凤丝""雪片纷飞""甜蜜常思""青山挺立""旭日东升""西施腐乳""春回大地""银装素裹""三体相会""荟萃一堂""烩脊脑眼""烹烧鹿筋"12道新品，进一步丰富了全羊菜的内容。

十二、洛阳水席

洛阳水席，历史悠久，古今驰名。所谓"水席"，有两层含义，一是以汤水见长，二是吃一道换一道，一道道上，像流水一般，故名"水席"。洛阳水席，来自民间，是洛阳一带特有的传统名吃。酸辣味殊，清爽利口。唐代武则天时，将洛阳水席旨进皇宫，加上山珍海味，制成宫廷筵席。后又从宫廷传回民间，遂形成特有的风味。因仿制官府筵席的制作方法，故又称官场席。

洛阳水席由24道菜组成，简称"三八席"。先上8道冷盘下酒，冷盘为4荤4素。继上16道热菜，热菜用不同型号的青花海碗盛放。16道菜中有4道压桌菜，其他12道菜，每3道味道相近的为一组，每组各有一道大菜领头，称"带子上朝"，吃一道上一道，如行云流水。洛阳水席有三大特点，一是有荤有素，有冷有热；二是有汤有水，北方南方均适口；三是上菜顺序有严格规定，搭配合理、选料认真、火候恰当。洛阳水席，又分为高、中、低三个档次，可据情况而定，故深受城乡人民的普遍欢迎，长盛不衰。

洛阳水席的菜点主要有牡丹燕菜、料子全鸡、西辣鱼块、油炒八宝饭、洛阳肉片、米粉排骨、洛阳大腰片、炖鲜大肠、生汆丸子、五彩肚丝、条子扣肉、洛阳水丸子、蜜汁红薯、山楂甜露、焦炸丸子、鸡蛋鲜汤、假海参等。洛阳水席并不讲究用料的名贵，一般生猛海鲜都不用，只讲究做法。

十三、四川田席

四川民间喜庆筵席，又称三蒸九扣席，始于清代中叶，常设在田间院坝。最初是秋后农民庆贺丰收宴请乡邻亲朋好友举办的，以后发展为婚宴、祝寿、迎春以及办丧事时聚宴应用的筵席，因其源于田野乡村而得名。特点是就地取材、朴素实惠、蒸扣为主、肥腴香美。

川西坝上的普通田席，常由大杂烩、红烧肉、姜汁鸡、烩明笋、粉蒸肉、咸甜两味烧白、夹沙肉、蒸肘子、清汤共九大碗组成。有时不用清汤，而以"红白萝卜三下锅"（即用红、白萝卜干，青菜头与腊肉骨头汤同煮而成）为汤菜。菜肴形式不一，如有些菜肴是清蒸杂烩、扣鸡、夹沙肉、带丝全鸭、酥肉、清蒸肘子、咸烧白、红烧鱼、糯米饭；还有的是清蒸姜汁肘子、烧杂烩、咸烧白、粉蒸肉、红烧肉、蒸鸡蛋、鲜笋烩肉片、带丝酥肉汤、糯米饭；其他形式还有清蒸杂烩、扣鸡、夹沙肉、带丝全鸭、酥肉、清蒸肘子、咸烧白、红烧鱼、糯米饭等。

十四、全鸭席

全鸭席首创于北京全聚德烤鸭店。特点是宴席全部以北京填鸭为主料，烹制各类鸭菜肴组成，共有一百多种冷热鸭菜可供选择。用同一种主要原料烹制各种菜肴组成筵席是中国宴席的特点之一。全国著名的其他全席有天津全羊席、上海全鸡席、无锡全鳝席、苏杭全鱼席、四川豆腐席、西安饺子宴、佛教全素席等。

十五、全素席

宋元至明清，寺院素菜已能配成品味甚高的全素席。许多菜肴以素仿荤，如素鸡、素鸭、素鱼、素火腿等，不但与荤菜形似，而且味道也略为相近。寺院斋厨用白萝卜或茄子加发面等原料制成"猪肉"，用豆制品、山药泥烹制出"油炸鱼"，用绿豆粉掺水仿制成"鸽蛋"，用胡萝卜加土豆仿制成"蟹粉"，厨师的巧思和手艺满足了人们饮食情趣上的需要。不过，佛教中有人反对素菜荤名，认为是犯了"意杀戒"，因而称素鱼为"如意"，称素香肠为"玛瑙卷"。

素席是以蔬菜、果品、菇耳、粮豆等植物性原料为主体制作的筵席。素席包括用一种原料或多种原料制成的全素席，禁绝一切荤腥原料的纯素席；适当配用蛋、奶、鸡汁的荤素席；素质素名的清素席；素质荤名的花素席及斋戒席；酬谢僧侣的佛事素席等。

素席选用三菇（香菇、麻菇、草菇）、六耳（石耳、黄耳、桂花耳、白背耳、银耳、榆耳）和季节时蔬、果品、豆制品、花卉入肴，不用五辛（大蒜、小蒜、兴渠、慈葱、茗葱）、五荤（韭、薤、蒜、芸薹、胡荽），回避蛋、奶、猪油和肉品，以保证菜式的清秀。在制作上重视清炒、清烩、清炸、清蒸、清炖，少加粉饰，以突出物料的清新和本色原味；又注意"以素托荤""荤形素质""素菜荤名"，力求形似、味近。

下面介绍的两款素席，充分体现出用普通的原料烹制出精美高档筵席的神奇功底。

1. 燕翅席

八冷菜（时蔬）。

大菜：高汤燕菜（冬瓜丝及苹果、黄豆芽吊成的素汤）、扒蟹黄鱼翅（黄花菜、胡萝卜、香菜）、炒青虾仁（南荠、黄瓜）、糖醋排骨（藕、水面筋）、罗汉斋（八种素菜）、炒鳝鱼丝（香菇、香菜）、糖醋黄鱼（豆皮、素馅）、栗子扒白菜（大白菜、栗子）、全家福（香菇、腐竹、笋、山药、面筋、豆泡、南荠）。

小菜：烩素帽、炒面筋丝、炒兰白线、素什锦、金边白菜、灯笼面筋。

点心：素包、素卷圈、素盒、素鹅脖。

素汤：金针菇、木耳、番茄、豆皮。

此席是素质原料仿制的荤式酒筵，运用刀工将原料改造为形态逼真的燕窝、素鱼翅、素虾仁、素排骨、素鳝鱼丝、素黄花鱼，达到以假乱真的境地，既满足了食素客人的需求，又体现出厨师高超的技艺，是典型的素质荤名花素席。

2. 斋席

六冷菜或八冷菜（时蔬）。

大件：金花献佛（黄花菜）、佛海寻珠（西芹、夏果）、法轮常转（苹果）、禅心似月（豆腐、素馅）、佛陀悟禅（香菇、油菜、笋）、天帝散花（玉米、枸杞、茉莉花、百合）、佛门仙斋（藕、水面筋）、吉祥如意（芋头）、东篱赏菊（竹荪、胡萝卜、菊叶）、苦尽甘来（苦瓜、素三丝）。

面点：麻团。

饭菜：红棉袈裟（白菜、胡萝卜、香菇）、圆圆满满（豆腐丸子）、百年好合（百合、小枣）、罗汉全斋（八种素菜烹制）。

素汤：黄花菜、豆皮、笋、木耳、番茄、黄豆调制的素汤。

此席是酬谢僧侣做佛事的斋戒素席。全席均为素质原料，用佛门禅语或富有禅意的诗名、典故冠名，蒙上一层宗教色彩的纱幕，看馔纯净，刀工细腻，造型精致，席面秀雅，档次较高。

按照现代营养科学测算，素席中的植物蛋白、脂肪、碳水化合物、维生素、矿物质及人体内所需的营养物质不仅充分，而且配比适当，利于消化吸收，适合于当今世界上"低糖、低盐、低脂肪、高蛋白"的饮食潮流。如再加上花卉、果品、药材、食用菌烹制，还可起到抗病、延缓衰老、护肤美容之作用。为此，素席将受到更多食客的青睐。

十六、淮安长鱼席

淮安长鱼席是江苏乃至全国都很有名的全席。传统的长鱼席每席为八大碗、八小碗、十六个碟子、四道点心，因此才有了"八大碗，八小碗"的说法。

清代的淮安是全国的盐漕重地，繁华富庶，官场与民间的饮食之风极盛。清人吴炽昌在其《客窗闲话》中记述了到河下盐商家做客的情形："筵上安榴、福荔、交梨、火枣、苹婆果、哈密瓜之属，半非时物。其器具皆铁底哥窑，沉静古穆。每客侍以娈童二，一执壶浆，一司供馔。妖鬟继至，妙舞清歌，追魂夺魄。"而关于清江浦的江南河道总督署的官员对于饮食的奢靡，清末思想家薛福成在《庸盦笔记·河工奢侈之风》一文中记载："余尝遇一文员老于河工者，为余谈道光年间南河风气之繁盛。……凡饮食衣服车马玩好之类，莫不斗奇竞巧，务极奢侈。即以宴席言之：一豆腐也，而有二十余种；一猪肉也，而有五十余种。豆腐须于数月前购集物料，挑选工人，统计价值，非数百金不办也。"如此奢靡的社会风气正是长鱼席产生的社会基础。

传说长鱼席有108道菜，为清代淮安名厨张恺所创，他认为"仙有天罡地煞，菜有一百零八"，于是苦心钻研做出了这蜚声海内的长鱼席。清代徐珂的《清稗类钞·饮食类·全鳝席》对两淮长鱼席有翔实记叙："同、光间，淮安多名庖，治鳝尤有名，胜于扬州之厨人，且能以全席之肴，皆以鳝为之，多者可至数十品。盘也，碗也，碟也，所盛皆鳝也，而味各不同，谓之曰全鳝席。号称一百有八品者，则有纯以牛羊豕鸡鸭所为者合计之也。"其时，淮厨治鳝多有绝妙之处，口碑广为流传。完全用一种原料来做筵席，需要很高的技术，而且总会有单调的感觉，所以，以长鱼为主，杂以"牛羊豕鸡鸭"的设计思路是很科学的。这种标准长鱼席要分三日吃完，每日一席，每席菜不同样。想想那些富商高官们接连三天的饮宴，就让人叹息不已，但厨师的聪明才智也同样令人叹服。

十七、豆腐席

豆腐席，即以豆腐为主要原料（或辅之以豆类、豆制品）烹制的冷热菜肴组合的筵席。

冷菜：中盘，彩色大拼；八围碟，银芽鸡丝、金钩玉笋、豆豉鲫鱼、蒜薹干丝、盐水鸭条、怪味花生仁、麻辣牛肉、鱼香青圆。

热菜：三海烩豆腐、豆沙烧鸭脯、八宝豆腐羹、鱼香酥皮豆腐、蚕豆春笋、麻婆豆腐、红烧菱角豆腐、豆腐鲜鱼、雪花蚕豆泥、鱼蓉豆腐汤。

小吃：担担凉面、绿豆捆、豆芽小包、酸辣豆花、豆沙佛手酥。

十八、全鱼宴

1. 白洋淀全鱼宴

享誉中外的"白洋淀全鱼宴"是鱼类菜肴中的精品。具体特色有以下三点。

其一,部分鱼菜是吃鱼不见鱼的。这主要是采用了多种刀工和烹调方法,从造型到口味、色调都不相同,有的造型很美,富有诗情画意。

其二,因材施艺,物尽其用。以炒鱼片为例,主要是用鱼背,这里肉肥而嫩;鱼头则可做鱼汤,成为名副其实的一鱼两做。

其三,讲究当地原料入馔,以烹制鲜活见长,原料丰富,刀工细腻,口味清淡。菜品配以精美瓷器,别具风格。白洋淀"全鱼宴"有广义与狭义之分。广义包括鱼、虾、蟹等水产品,而狭义的只包括鱼类。

大众餐饮有四凉四热、六凉六热或八凉八热。凉菜包括凉拌鱼丝、芝麻鱼条、香辣鱼肝、蛋皮鱼卷、酥炸鱼块、烧拌鱼丝等,热菜包括酥鱼片、炒鱼片、熘鱼片、清蒸甲鱼、爆炒圆鱼、清蒸圆鱼、鲇鱼豆腐、爆炒鲇鱼、金毛狮子鱼、红烧鱼段、红烧鲤鱼等。

高品位的全鱼宴包括八凉八热、两道饭菜、一道汤菜,共十九道菜。

凉菜:花式大拼盘、蛋皮鱼卷、酥炸鱼条、香辣鱼肝、凉拌鱼丝、酸抖鱼块、玻璃鱼、芝麻鱼饼。

热菜:蟹粉鱼唇、松鼠鱼、须发鱼排、金毛狮子鱼、鸳鸯鱼丝、番茄鱼片、凤尾鱼托、芙蓉鲫鱼。

饭菜:小龙过江、什锦脱骨鱼。

汤菜:三色鱼脯汤。

2. 呼伦贝尔全鱼宴

呼伦湖产的鲤鱼、鲫鱼、白鱼、红尾鱼等,肉质肥美,营养丰富,含有丰富的蛋白质、无机盐、碳水化合物、脂肪和各种维生素。用呼伦湖产的鲜鱼和湖虾,可烹制鱼菜120多种,称为"全鱼宴"。鱼菜不但营养丰富,而且鲜嫩味美,百吃不厌。

全鱼宴有12、14、20、24道菜一桌的,甚至有上百道菜一桌的。主要的名贵鱼菜有二龙戏珠、鲤鱼三献、家常熬鲫鱼、梅花鲤鱼、油浸鲤鱼、鲤鱼甩子、蝴蝶海参油占鱼、松鼠鲤鱼、芙蓉荷花鲤鱼、湖水煮鱼、清蒸银边鱼、葡萄鱼、葱花鲤鱼、金狮鲤鱼、普酥鱼、番茄鱼片、鸳鸯鱼卷、荷包鲤鱼、煎焖白鱼、拌生虾、拌生鱼片等。

十九、凤鸣宴

凤鸣宴源于丰邑古城（今江苏省徐州市丰县）。据《同治丰县志》记载，当年曾有"凤凰飞落城楼"，长鸣三声，巽向（东南）而去，故此得名。

众所周知，"龙"与"凤"在我国古代神话传说中占有崇高地位，乃古代氏族图腾的标志。相传龙为九种动物的合身，凤亦如此。据《山海经》等古籍记载，凤凰的前部像鸿雁，后部像麒麟，脖颈像蛇，体形像龟，颔像燕子，尾像鱼，嘴像鸡，花纹像龙。凤凰即凤鸟又称五色雀，因其毛呈五色而得名。依照古代阴阳五行学说，各个方位均有代表性颜色，即东方青、南方红、西方白、北方黑、中位黄色。凤凰羽毛五色，实为五彩雉。这种雉属鸟，饮食有则，出入有时。俗谓"凤落宝地，鸣于吉兆"。丰县于1990年12月18日举行"汉皇祖陵"（刘邦祖父刘清墓）陈列馆奠基典礼时，又有一对酷似凤凰的五色雀飞落墓前梧桐树上，长鸣不已，群众视为国泰民安的吉祥之兆，一时传为美谈。

"凤鸣宴"素与鹿鸣宴、鹤鸣宴齐名，取料于地方名产，兼以精工烹调，充分发挥地方名厨擅长的烹饪技艺，既遵循古法，又作适合现代饮食风尚的改进，更为精致完善。

"凤鸣宴"先以酸辣开胃，后以甜酸羹更换口味。其中，冷菜主拼凤鸣塔，配有花色围碟。热菜有地方传统名吃"鱼汁羊肉""烹四孔鲤鱼"、吕雉制作的"牝鸡抱蛋"、刘邦吃过的"撅羹"等计24个品种，别具一格。

二十、太极宴

徐州地区曾是中国烹饪祖师彭祖的封地（大彭氏国），又是道教创始人张天师（道陵）的故乡，早年道教盛行，道观众多。徐州素有"七十二庵、八大寺、五楼、二观"之称，清末民初徐州尚有真武观、灵霄观及彭祖楼、霸王楼、魁星楼、燕子楼、黄楼等名胜古迹，皆有道士修炼或作为佛、道两教活动之场地。因而道家菜在徐州有着丰厚的积淀，并形成体系。只是近几年来由于各种原因导致道教有所衰落，年代久远的道家菜系的名馔菜谱竟成为秘册奥闻，不再为世人所熟知。

儒、道、释三家的哲学观与饮食文化各有所向。儒家是"入世派"，其饮食特点以取料高贵为特征，菜点命名则冠以"一品""乘龙""及第""福寿"等。释家是"出世派"，有食素的习惯，即使也有食荤的一派，在原料名称上也有所避讳，如谓鱼为"水棱花"、鸡为"钻篱菜"、猪为"拱地食"、鱼为"如意"、鸡为"晨钟"等。释家饮食称谓多有宗教色彩，如酒称"般若汤"、饮料为"甘露水"、点心为"开花佛"等，菜名多冠以"金钵""成果""生莲""归根"等。道家人生哲学既不同于入世派，又不同于出世派。因此，道家饮食与释家同样有两派：一是食素，二是食荤。道家食荤派别之饮食，讲采药炼丹之法，求长生养身之道。为此，他们把药物与饮食同食，故称"药膳"，即今天流传于徐州一带的麋角鸡、云母羹、水晶饼、五味鸡、养心鸭子、独头蒜烧牛肉、薏米鲫鱼、银杏鸡羹、茶香蛋等物。

道家的素食，又称"斋食"，与释家的习惯相反，道家惯以素菜托荤名。佛家以慈善、讲因果、戒杀生等为教规，食素者居多，荤菜也避讳而托以素名。道家素食派也禁食"五荤三厌"。所谓"五荤"指"蒜、韭、薤、芸薹（又称胡菜、芸蒿，有辛香味）、胡荽（即芫荽，又称香菜）"，五种有昏神烈味的蔬菜；"三厌"指天上飞的、地上跑的、水里游的动物，道家称之曰"荤"，乃草字头下面是军字，意谓此类食物性烈，辛臭散气，能损人之元气，煎炒油腻的食物，不易消化，故属禁忌。道家素食原料以豆腐、面筋、竹笋、菌类（耳、蘑、菇、莪、蕈等）、青菜等为主，然而却冠以荤名。如水晶鸡（用腐竹、琼脂为原料）、五香鱼（水面筋为主料）、四方肉（面筋、嫩豆腐、腐皮、青菜）等。道家筵席有"三八托荤宴""太极宴""三五宴""八仙宴""四四宴"五大类别，其中尤以"太极宴"享有盛名。

道家"太极宴"有"托荤"及"药膳"两种。据老厨师说，同治末年有六十几代张天师，自江西龙虎山到北京，为同治皇帝的丧礼主持道场。这位张天师途经徐州时，到丰县祖陵祭祖，徐州道家厨师刘勤膳，为他制作了"太极宴"，受到这位张天师的赞赏。太极宴经同行口传心授，流传下来。徐州近代知名文人、美食家文兰若先生将其收入《大彭烹事录》一书中。

"太极"是道家惯用的术语，属于阴阳学说的最高范围，有总领万物之意。《周易·系辞》说："易有太极，是生两仪。两仪生四象，四象生八卦。"因而"太极宴"的菜名、布局、上菜程序均与五行八卦有密切关系，体现出道家饮食文化的鲜明色彩。如太极宴的主菜，首为太极图拼盘，终为混沌羹从菜，可谓"两仪"，而"太极"与"混沌"实为一体。太极图拼盘，以琼脂（白色）、楂糕（红色）、冷调木耳（青色）、素肉松（黄白色）为原料，用太极图模具装盘，其阴阳两部分颜色判然分明，又分别衬上樱桃、青豆作"眼"，构成图形逼真的太极图。混沌羹则以香菇丁（褐色）、薏苡米（白色）、枸杞子（红色）、腐竹丁（黄色）、青豆（青色）为原料，调料有胡椒、食盐、姜汁、黄醋、白糖、豆芽汁、香油、甜酒等，红、黄、青、白、褐五色斑斓，酸、甜、苦、辣、咸五味俱全，兼容并蓄，浑然一体。随太极图拼盘的第一组冷菜有围碟五品，则是胭脂肉（色红、丙丁火）、菜松（色青、甲乙木）、五香鱼（色黄、戊己土）、香肠（色褐、壬癸水）、水晶鸡（色白、庚辛金），各按方位摆布。太极宴共有八道大菜（八卦），而混沌羹上时有炒菜四件（四象），之后有点心四种，最后则有水果四种，主食有五粮饭、鸡丝卷两种。在体现阴阳无行的文化思想、太极思想和太极八卦的道家观念方面，有充分的代表性，表现了道家的特色。"太极宴"以"太极图"拼盘起，以"混沌羹"汤菜终，包含着道家文化的深远含义。

二十一、狗全宴

所谓狗全宴，是以狗身各部分为原料而制作的筵席。狗肉制作自古是徐州市独有的品牌，闻名全国的鼋汁狗肉即产于此。众所周知，古时徐州一带有饲养食用犬之风，因此徐州先辈厨人都在狗肉上下功夫，不仅鼋汁狗肉闻名遐迩，狗全宴也享誉全国。由于1949年以来无人过问，老厨师相继过世，这项名牌筵席也被湮没。现根据一些在世老厨师回忆，考证有关资料，加以整理。

狗全宴的特点是以狗身各部位为原料，根据不同部位的肉质特点，采用不同的烹调方法烹制而成的筵席，菜肴冠名采用象征吉祥的称谓，具体如下。

八冷盘（四荤盘、四时蔬）：日月灯（眼）、采听门（耳）、红花朵（脑）、品香官（舌）、蒸时蔬、琉璃藕、酱生仁、油焖笋。

八大件：跨南山（前膀）、七宝全（头）、登北峰（后胯）、五关通（脖子）、四柱顶天（前、后腿）、贯通南北（通脊）、坐地锦（臀部）、双门会（两肋）。

四小件：烹宝库（肚子）、炸气囊（肺）、烧万里（爪蹄）、炮独香（尾）。

主食：两道。

二十二、西安饺子宴

饺子是中国的传统食品。饺子宴，即以饺子为主的筵席。饺子是北方人普遍喜欢的面食，馅有荤有素，佐以调料，食之味美。而使这种寻常小吃登上宴会的"大雅之堂"，是西安饺子宴饭店近年的独创，它与著名的仿唐菜点和牛羊肉泡馍，一并被誉为"西安饮食三绝"。

饺子是中国北方的一种面皮包馅的名食，有着悠久的历史。早在2000多年前的西汉时期，都城长安（今西安）就盛行食饺子。不过那时俗称角子，南北朝改称"偃月形馄饨"。三国时期，魏国人张揖所撰《广雅》一书中，做了有关馄饨的记载。北齐时的颜子推也曾著书曰："今之馄饨，形如偃月，天下通食也。"偃月就是现在饺子的形状。到了唐代，饺子更为流行，称之为"扁食"。宋代时称"角角"。明刘若愚编的《明宫史·火集》记载过年吃饺子的情况时说："五更起，饮椒柏酒，吃水点心，即"扁食"也。或暗包银钱一二于内，得之者以卜一岁之吉。"清代的《燕京岁时记》里也有类似记载。到了明、清时代，才改称"饺子"，并一直延续至今。

西安饺子宴之绝，首先在于用料多样，味型各异，造型美观。馅料既有时令鲜菜和一般鸡、鸭、鱼、肉，还有猴头菇、海参等山珍海味。因此有"百饺百味"，茄汁、麻辣、鱼香、五味、鲜咸、糖醋、咖喱、蚝油、椒麻、红油等味型无所不包。其次是烹制技术多样。基本的制法分蒸、炸、煎、煮四种，但由于各种饺子的馅料不同，制作方法不完全一样，中餐的烹、炒、爆、熘、焖、酿等方法也兼而用之。最后是造型奇妙。既有泡眼朝天、修尾轻摇、栩栩如生的金鱼形；又有状若杏核、精巧玲珑的珍珠形；还有鸳鸯形、蝴蝶形、元宝形；有的又如燕窝、海螺、花卉，真是千姿百态，巧夺天工。

西安饺子宴分为百花宴、牡丹宴等5个档次。每宴由108种不同馅料、形状和风味的饺子组成。宫廷宴主要是以燕丝、甲鱼等为主料的饺子；八珍宴主要是以八珍为主料的饺子；龙凤宴和牡丹宴，则是以猴头菇、鱿鱼、海参等为主料的饺子；百花宴稍次一等，为普通型，除部分海味外，多数是肉类和素馅。

其上桌程序也颇有讲究。从烹制方法上讲，先上炸、煎类饺子，后上蒸、煮类饺子；从口味上讲，先咸，次甜，后麻辣。咸味饺子中，先海鲜，次鸡肉，后清素。十余道饺子以后，上一道"银耳汤"漱口清喉，调节一下口味，再继续上其他饺子，层次分明，使人回味无穷。西安饺子宴的创制和应市，受到中外宾客的热烈赞赏和高度评价。

二十三、孔府宴

孔府是孔子诞生和其后人居住的地方。典型的中国大家族居住地和中国古文化发祥地，历经两千多年长盛不衰，兼具家庭和官府职能。孔府既举办过各种民间家宴，又宴迎过皇帝、钦差大臣，各种筵席无所不包，集中国筵席之大成。孔子认为"礼"是社会的最高规范，宴饮是"礼"的基本表现形式之一。孔府宴礼节周全，程式严谨，是中国古代筵席的典范。孔府宴烹调手法多样，以炸、烧、炒、蒸为主，其名菜主要有神仙鸭子、一品海参、霸王别姬、雪里闷炭、八仙过海闹罗汉、孔门干肉、花篮鳜鱼、一品豆腐等。

孔府宴分为三六九等，单就较高级的两等来说，其数量之多、佳肴之丰美，是颇为惊人的。

第一等是招待皇帝和钦差大臣的"满汉宴"，这是满、汉国宴的规格。一等席宴，仅餐具就有404件。大部分是象形餐具，有些餐具的名就是菜名，而且每件餐具分为上中下三层，上层为盖，中层放菜，下层放热水。满汉宴要上菜196道，全是名菜佳肴，如满族的"全羊带烧烤"。另外，还有全盒、火锅、汤壶等。

第二等是平时寿日、节日、婚丧、祭日和接待贵宾用的"鱼翅四大件"和"海参三大件"筵席。菜肴随筵席种类确定，什么席，首个大件就上什么；大件之后还要跟两个配伍的行件。

如鱼翅四大件，开始先上八个盘（干果、鲜果各四），而后上第一个大件鱼翅，接着跟两个炒菜行件；第二个大件上鸭子大件跟两个海味行件；第三个大件上鳜鱼大件，跟两个淡菜行件；第四个大件上甘甜大件，如苹果罐子，后跟两个行菜，如冰糖银耳、糖炸鱼排。少顷，上两盘点心，一甜一咸。接着再上饭菜四道（四个瓷鼓子，如果上一品锅，可代替四个瓷鼓子。因为锅内有四样白松鸡、南煎丸子加油菜、栗子烧白菜、烧什锦鹅脖），而后四道素菜，紧跟四碟小菜，最后上面食。

若是海参三大件，也是先上八盘干鲜果，然后上海参大件，第二、三个大件是神仙鸭子、花篮鳜鱼（俗称季花鱼）或诗礼银杏。每个大件也要跟两个行菜，如醉活虾、炸熘鱼、三鲜汤等，饭菜仍是四道，如元宝肉、黄焖鸡等。

如果是燕席四大件,就要有带烧烤的菜,如烤鸭、烤猪、珍珠海参、玉带虾仁等。

二十四、红楼宴

红楼宴源于红楼梦。《红楼梦》是满汉文化、南北文化相互碰撞、吸收融合的典范,是中国明末清初时期贵族生活的真实历史画卷。就是在这部傲立于世界文学之林、被誉为中国封建社会"百科全书"的鸿篇巨制中,曹雪芹用了近三分之一的篇幅,描述了众多人物丰富多彩的饮食文化活动:就其规模而言,有大宴、小宴、盛宴;就其时间而言,有午宴、晚宴、夜宴;就其内容而言,有生日宴、寿宴、真寿宴、省亲宴、家宴、接风宴、诗宴、灯谜宴、合欢宴、梅花宴、海棠宴、螃蟹宴;就其节令而言,有中秋宴、端午宴、元宵宴;就其设宴地方而言,又有劳园宴、太虚幻境宴、大观园宴、大厅宴、小厅宴、怡红院夜宴等。通过各种各样的宴集,曹雪芹不仅为读者提供了一张无穷尽的美食单,更重要的是为我国文明创造了一个完整的红楼饮食文化体系。

曹家居南京、扬州六十多年,饮食多为淮扬风味。曹寅编册著述颇丰,有淮扬饮食诗文问世。寅母为康熙乳娘,寅幼年为康熙侍读过,关系甚密。寅在扬州多次筹办御宴,熟谙要旨。雪芹幼年随乃祖在任上,耳濡目染皆为淮扬佳味,而《红楼梦》创作以"声色饮馔之幻"来演绎人生哲理,对淮扬烹饪文化素材驾轻就熟,信手拈来皆为雅丽,令人叹为观止。当代红学俊彦冯其庸、李希凡先生推论红楼菜当属淮扬风味。

丁章华先生运筹与推动红楼宴研制,历时二十春秋,组织精干,梳理史料,考察论证,专家研讨,磨砺提精,终成大器。红楼宴的设计立足于红楼文化整体的一部分进行再创造,以发扬光大《红楼梦》所代表的文化传统、审美意识、文化蕴含,对餐厅、音乐、餐具、服饰、菜点、茶饮等进行综合设计,使人恍如置身于《红楼梦》的大观园中。红楼菜以其美味、丰盛、精致见长,给人以高层次饮食文化艺术的享受,名扬海内外。

二十五、金瓶梅宴

金瓶梅宴属宫廷宴,主要反映西门庆家宴的奢华丰盛,菜肴精细考究、滋补营养,现场豪华奢侈、排场盛大。金瓶梅宴按顺序分为三部分:先上的是点心类,有四鲜果、四干果、四甜点、四果仁;而后随有四道精制面食,作为酒前铺垫;然后才是酒菜,酒菜有西门八珍、清蒸乳鸽、西门豆腐、珍珠琉璃丸等十几到几十道菜,做法奇特,风味各异;最后是饭菜四扣碗(即俗称蒸碗),加两道滋补汤品(大枣元鱼、枸杞乌鸡),外加梨盅和果盘。器皿有盅、有碗、有盘,和菜品相辅相配、相得益彰,台布是金黄缎搭玫红缎桌旗,服务员着湖绿绸缎宋代长裙,可见品金瓶梅宴一方面是品酒、品菜肴,另一方面更重要的是品历史、品文化、品氛围，仅以筵席可见西门庆当年之显贵豪奢。

二十六、水浒宴

水浒宴以《水浒传》故事为背景，以山东东平湖特产的湖鲜为主要原料，由出身于厨师世家的孟召义师傅结合鲁菜的制作工艺精心配制而成。讲究调味纯正，口味偏于咸鲜，具有鲜、嫩、香、脆的特色。

水浒宴的菜肴共有108道，象征108名好汉。水浒宴以《水浒传》为蓝本而提炼美食情节，以历史故事为背景延伸美食效果，通过宴会杯盏的传递而再现当年水浒英雄大块吃肉、大碗喝酒的气氛。享受水浒宴，会产生群英聚会、入寨豪饮的幻觉。

二十七、三头宴

江苏十大名宴中，三头宴来头可不小。2009年，中国烹饪协会批准三头宴为中国名宴。2014年，扬州市人民政府批准"三头宴制作技艺"为市级非物质文化遗产。

扬州三头宴其实是以扒烧整猪头、蟹粉狮子头、拆烩鲢鱼头这三个传统菜领衔的筵席，化平庸为神奇，体现了淮扬菜精湛的刀工，擅长炖焖，腴嫩鲜香而各成其味，菜品完整而不失其形。黏韧柔滑，卤汁胶浓，源于民间，高于家厨。

清朝黄鼎铭在《望江南百调》中就曾写道："扬州好，法海寺闲游。湖上虚堂开对岸，水边团塔映中流，留客烂猪头。"清朝扬州扒烧整猪头盛行，儒释道各显神通，《扬州画舫录》记载了"江郑堂十样猪头……风味皆臻绝胜。"江郑堂即江潘，扬州通儒。清朝《扬州竹枝词》中吟唱了法海留客烂猪头和玉清宫里道人冰糖扒得好猪头的故事。扒猪头一头十味，味不雷同。

淮扬拆烩鲢鱼头在清代已成为名馔，"二月寻花误入凡，乡村客栈醉谪仙，人间还有鱼头在，不去蓬莱五百年。"此诗是高若隐因淮扬鲢鱼头有感而发，此菜拆骨技术为淮扬厨师独创。相传源自清朝末年一个朱财主家。一日，财主请来名厨招待宾客，其中有道以大鲢鱼鱼身为主料的菜品。财主觉得鱼头丢掉可惜，便吩咐厨师将鱼头烹煮给工匠吃。名厨将鱼头劈开，先煮至离骨，拆除鱼骨后再入锅中大火调味出锅，烧成的鱼头美味异常。

狮子头又称葵花大斩肉，采用猪五花肋条肉细切粗斩，做成大血圆的肉圆，经炖焖后极其细嫩。据传初行于隋唐，清代已登大雅之堂。"宾厨缕切已频频，团比葵花放手新。饱腹也应思向日，纷纷肉食尔何人。"林兰凝的诗句道出此菜的工艺特色与风味个性。

"三头宴"与应时菜点相组成席，在消费者中产生了广泛的影响，已成为淮扬人的名宴。

二十八、大千宴

大千宴是结合张大千饮食及中国书画艺术创造的"大千菜"而创制的,同他的画一样驰名海外,不仅包括国画大师张大千先生推出的大千风味菜,还融合了当今内江的众多风味美食,极具地方特色。大千宴全系列菜多达100余道。

当代著名的国画大师张大千不仅擅长烹饪,而且还是一位美食家。张大千调羹要求"色""香""味""形"四字,如"制香酥鸭则要求酥脆且嫩,并以生菜垫鸭身,四周不另加花和生菜,与鸭肉同时入口,味尤鲜美"。

国画大师徐悲鸿就曾在《张大千画集》的《序》中称,"张大千能调蜀味,兴酣高谈,往往入厨做美餐待客"。著名书画家谢稚柳也曾回忆道:"大千的旁出小技是精于烹饪且对客热情,每每亲入厨房做菜奉客,所做酸辣鱼汤喷香扑鼻、鲜美之至,让人闻之流涎,难以忘怀。"

"大千宴"有28道菜品,是根据现收录在中国台湾博物馆的《张大千食谱》制作。如菜品"六一丝"就是张大千61岁生日时,由旅日川菜大师陈建明为其设计的一款菜式,用6种原料切丝装于一盘内,暗合张大千61岁生日,菜品口味清淡爽口。

另有"思乡菜",是一道由四川土特产折耳根为主材料的素菜,体现了当年张大千游学海外时对家乡的思念。据介绍,每次请客,张大千总是会摆上这道菜。

二十九、东坡宴

相传北宋哲宗四年(1090年),一日,苏东坡忽发念旧之情,遂回杭州同故旧相聚。游遍湖山,天已傍晚,系舟登岸,选了处背枕孤山、面对西湖的清静酒楼,旧友们准备宴飨东坡。苏东坡却执意做东,还亲自点酒、点菜,并一一叮嘱如何用料用火。

酒家见之谈吐不凡,且深谙烹调之术,仔细端详,方知是当年疏西湖、立三石塔、筑长堤、引水浇田并有美食家之称的知州苏大人,顿觉蓬荜生辉,旋即奉上灵隐香茗、古窖酿,并根据苏大人的指点,组成一桌风味纯正的杭菜。觥筹交错间,不知不觉就已晨曦初照。这时,酒家捧来文房四宝,再三恭请苏大人留下墨宝,于是东坡信手题联道:三品六味三更雨,西日东来西子湖。

后来,人们就把苏东坡指点的这桌杭菜称"东坡宴"。而东坡宴也依照当晚夜宴的布菜形式略加调适,形成了三冷六荤三素的"三六三"宴。近年来,常州、眉山等与苏东坡生平密切相关的城市的美食家们又参照苏东坡的饮食文化艺术,开发了形式各异、别具地方特色的东坡宴。

三十、蓬莱八仙宴

蓬莱八仙宴又称八仙菜,是山东省的地方传统名菜,属于鲁菜系。

蓬莱是传说中八仙过海的地方,"八仙"也成了蓬莱的一块招牌,而"八仙宴"却没能做到人人耳熟能详,因为这些菜系制作复杂、用料考究,颇有些蓬莱的"满汉全席"的味道,自1987年创办以来,一直是高档宾馆的保留全席。

八仙宴以"八仙过海"的传说为依据,以大虾、海参、扇贝、海蟹、红螺、真鲷等海珍品为主要原料,由8类凉拼、8个热菜和1个热汤组成。

传统八仙宴中,凉菜拼盘制作仿照八仙过海使用的宝物拼成图案,造型生动别致,工艺精巧,盘盘都有神话典故,不仅味道鲜美,还可观赏助兴;热菜烹饪更为精致,呈现蓬莱多处名胜景观,巧夺天工;热汤以八种海鲜加鸡汤制成,味道鲜美奇特。

蓬莱的吃文化悠久绵长,丰富多彩,尤其"八仙宴"更为闻名,成为一道靓丽的风景线,在中国的美食佳肴中占有一席之地。

八个冷盘的制作相当讲究,是仿照八仙过海用的宝物拼成的凉盘,分别是:吕洞宾的宝剑、韩钟离的芭蕉扇、张果老的渔鼓、铁拐李的宝葫芦、曹国舅的云板、韩湘子的玉笛、何仙姑的莲花、蓝采和的花篮。拼盘造型逼真生动,工艺精湛,每盘都有一个神话典故。不但味道鲜美可口,余味无穷,而且还可以观赏景致,大饱眼福。

热菜的烹饪更为精细,既讲究火候技术,科学加工,又讲究菜的艺术性。烹饪大师又将蓬莱十大美景浓缩,巧夺天工地做出来,呈现在顾客的面前。人们在酒宴当中就可以浏览蓬莱仙境的十大景观,足以吸引顾客的眼球,使其身在雅座间,观遍十大景。八个热菜,又借蓬莱十景命名:神山现市、仙阁凌空、晚潮新月、日出扶桑、万斛珠玑、渔梁歌钓、铜井金波、狮洞烟云、漏天滴润、万里澄波。

八仙汤是用八种海鲜加鸡汤烹制而成,其原料有海参、鲍鱼、对虾、加吉鱼、海胆等,味道鲜美,沁润肺腑之中。

八仙宴做工考究,费工费时,没有一定的经济条件是享受不起的。不过,现在八仙宴已经为很多人所享用,不同地区也推出了风格各异的八仙宴,各有各的精彩。

■ 思考题

1. 满汉全席包含哪些内容?具体是哪些?
2. 全羊席是如何形成的?
3. 洛阳水席有什么特点?
4. 全素席的制作有什么要求?
5. 西安饺子宴有什么特色?

6. 孔府宴有什么特色?
7. 查资料搜寻全席还有哪些?
8. 查资料搜寻以人物命名的筵席还有哪些?
9. 查资料搜寻以名著命名的筵席还有哪些?

项目 9
筵席菜单实例

◎ **学习目标**
　　本项目重点了解各种筵席的意义以及菜单的特点；了解各种筵席之间的区别。

◎ **学习重点**
　　各种筵席的制作要求。

任务 1　国宴菜单实例

◎ 任务驱动

1. 国宴的起源
2. 从菜单实例上分析国宴与其他筵席的区别

◎ 知识链接

一、国宴的起源

《周礼》《仪礼》《礼记》中已有奴隶制国家王室为招待贵宾而举行国宴的记载。唐朝的"闻喜宴"是朝廷为新科进士举行的国宴；宋朝的"春秋大宴""饮福大宴"也是国宴；元朝的国宴——诈马宴，通常举行三天以上；明朝永乐年间（1403—1424年）"凡立春、元宵、四月八、端午、重阳、腊八日，俱于奉天门赐百官宴"，这也是国宴；到了清代，国宴名目更多，如"定鼎宴""元日宴""冬至宴""凯旋宴""千秋宴""千叟宴"等，规模最大者多至三千余人。现今中国的国宴，在文化传统、民族风情和社会制度的影响下，既有规范的礼仪和格局，又有多彩多姿的席谱和饮宴方式，在国家政治生活中发挥着重要作用。

二、国宴的概念

国宴是以国家名义举行的最高规格的礼宴。它有两种类型：一种是国家元首或政府首脑为国家庆典、新年贺喜招待各国使节或各界知名人士的宴会；另一种是国家元首或政府首脑为来访的外国领导人或世界名人举行的正式欢迎宴会。国宴多在国家会堂、国宾馆或高级饭店举行，由国家领导人主持，相关的内阁成员作陪，并邀请各国使节和各界代表人士参加；宴会厅内高悬国旗（如果是欢迎国宾，还须悬挂其所在国国旗），有正规管乐队或军乐队演奏国歌、迎宾曲或热烈欢快的民族乐曲。宴会开始时，国家领导人致欢迎词或发表贺词，来访的国宾致答词。双方都要回顾两国友好交往的历史，阐明各自的政治主张，畅谈彼此的经济合作与文化交流，展望美好的未来。席间，宾主互相祝酒，表示友谊和尊重。国宴的请柬和席卡上印有国徽和菜谱，接待服务要符合高规格的礼仪要求，同时在清洁卫生和安全保卫方面也有一系列的严格规定。

三、国宴菜单实例

1949年10月1日晚，中共中央在北京饭店举行新中国第一次国宴，招待参加新中国开国大典的贵宾。史称"开国第一宴"。其菜式有冷菜八道：酥烤鲫鱼、油淋仔鸡、炝黄瓜条、水晶肴肉、虾籽冬笋、拆骨鹅掌、香麻海蜇、腐乳醉虾；头道菜：乳香燕紫菜；热菜八道：红烧鱼翅、鲍鱼四宝、红扒秋鸭、扬州狮子头、红烧鲤鱼、干焖大虾、鲜蘑菜心、清炖土鸡；点心四道：菜肉烧卖、淮扬春卷、豆沙包子、千层油糕。

1957年4月17日，苏联最高苏维埃主席团主席伏罗希洛夫来访，毛泽东在中南海怀仁堂设宴。外交部解密档案提供了当晚的菜单，冷盘；热菜：清汤白燕、红烧鱼翅、冬菇煨扁豆、炸鸡腿、松鼠鳜鱼、莲蓉香酥鸭；汤：冬瓜帽。标准是"六（热）菜一汤"。

1961年9月毛泽东主席在武汉东湖甲舍宴请蒙哥马利元帅的菜单：四干果、四鲜果、四凉菜、奶油豆蓉汤、铁板扒鳜鱼、元帅虾、什锦炒饭、奶油克斯、水果拼盘。

1986年10月，英国女王伊丽莎白二世访华。钓鱼台国宾馆国宴中主要品种有冷盘：水晶虾冻、菠萝烤鸭、白斩鸡、如意鱼卷、腐衣卷菜、梳子黄瓜；热菜：茉莉鸡糕汤、佛跳墙、龙须四素、清蒸鳜鱼、桂圆杏仁茶；点心：鲜豌豆糕、鸡丝春卷、炸麻团、四喜蒸饺。

1991年9月，李鹏总理招待英国首相梅杰一行来访，国宴规格菜谱为主菜：鸡吞群翅、烤酿螃蟹、鲜菇烩湘莲、纸包鳟鱼、推纱望月汤；小菜：泡绿菜薹、紫菜生沙拉、凉拌苦瓜、炸薄荷叶、樱桃萝卜；点心：豆面团、炸馓子、汤圆核桃露；水果：新疆哈密瓜。

1997年7月1日，庆祝香港回归的国宴菜单为冷盘；热菜：浓汁海鲜、清蒸大虾、罐焖牛肉、草菇绿菜花；点心；水果。

2001年10月20日晚，在上海国际会议中心东方滨江大酒店，亚太经合组织领导人非正式会议的国宴菜单为迎宾冷盆；四热菜：鸡汁松茸、青柠明虾、中式牛排、荷花时蔬；点心：萝卜丝酥饼、素菜包、翡翠水晶饼；水果拼盘。

2008年8月8日，国家主席胡锦涛在人民大会堂举行国宴，欢迎出席奥运会开幕式的各国政要。奥运会国宴的菜单有冷拼：水晶虾、腐皮鱼卷、鹅肝、葱油盖菜和千层豆腐糕，组合成精美的中国宫灯；热菜：荷香牛排、鸟巢鲜蔬、酱汁鳕鱼；汤品：瓜盅松茸。北京烤鸭作为小吃提供，餐后甜品为点心和水果冰淇淋。

2008年8月24日，钓鱼台国宾馆，国家主席胡锦涛设"奥运国宴"，宴请参加奥运会闭幕式的各国贵宾，标准为"二菜一汤"：奶油芦笋汤、中式豉椒牛排、栗蓉酥金枪鱼卷、珍菌香瓜盅。

2009年12月19日，澳门特别行政区欢迎胡锦涛主席晚宴于东亚运动馆举行。菜品包括花雕醉香鸡、古法蒸星斑球、上海凤城饺子、菜胆响螺炖排翅、银针耳万寿果等。

2010年4月30日晚，国家主席胡锦涛在上海国际会议中心举行宴会，欢迎前来出席上海世博会开幕式的贵宾。宴会的菜品尽显"海派"风味,其中包括迎宾冷盆、荠菜塘鲤鱼、黑鱼子龙虾、一品雪花牛、春笋炒豆苗、上海馄饨、慕斯鲜生果。

任务 2　婚宴菜单实例

◎ 任务驱动

1. 婚宴的特点和要求
2. 婚宴菜肴和普通筵席菜肴的最大区别

◎ 知识链接

婚宴有着非常明显的地域差异,地区和民族不同,风俗喜好和禁忌也有差别:四川地区传统的婚宴中应出现红烧肉和甜菜,如甜烧白等菜品;东北地区的婚宴一般都要上"四喜丸子"象征喜庆;清真婚宴的"八大碗""十大碗"中通常以牛羊肉为主,讲究一点的配上土鸡、土鸭、鱼等菜肴,有着丰富的民族特色;而在中国香港地区婚宴菜品千万不能出现豆腐、荷叶饭一类的菜肴饭点。另外,婚宴中的水果也扮演着重要的角色,不可轻视。传统婚宴上一般选用石榴(因其子较多,有多子之意)、西瓜、杨梅、蜜桃(取意今后生活甜蜜美满);忌讳上梨和橘子,因为梨与分离的"离"同音,橘子要一瓣一瓣地分开来吃,有"分居"之意。

一、婚宴的特点和要求

婚宴是人们在举行婚礼时,为宴请前来祝贺的宾朋和庆祝婚姻美满幸福而举办的喜庆宴会。婚宴主办者对饭店提出的要求很高,婚宴举办时间多在节假日。在中国,婚宴通常称作喜酒。

我国婚宴的特点主要是根据我国"红色"表示吉祥的传统,在餐厅布置、台面的装饰上,多体现红色;婚宴中的菜肴有很多也以红色为主调,一般有酱红、棕红、橘红、胭脂红等,给宾客以喜庆的感觉。结婚宴会的菜肴名称要讲究讨口彩,如"红运四喜""满地金钱""百年好合""龙凤呈祥""年年有余"等。

婚宴菜肴数目应为双数,通常以八个菜象征发财,以十个菜象征十全十美,以十二个菜象征月月幸福。比如,在江南地区流行的"八八大发席",全席由八道冷菜、八道热菜组成。举办婚礼的日子也通常多选于农历双月的初八、十八、二十八,暗扣"要得发,不离八、八上加八、发了又发"的吉祥寓意。传统婚宴菜品中原料一般都有鸡、鱼,象征着吉祥喜庆、年年有余,而且一般都作为压轴菜上席。婚宴中甜品的主要原料有大枣、花生、桂圆、莲子等,主要是取其谐音,祝福新人早生贵子。

二、婚宴菜单实例

江浙地区婚宴菜单

	冷　菜		热　菜		大　菜		点心、水果
席一	双喜临门（带八围碟） 三黄鸡 三色蛋糕 酱鸭舌 卤水牛腩	美味海蜇 凉拌笋干 舟山鳗干 酒醉肚尖	彩色虾球 酸菜墨鱼	脆炸双味 蚝油牛肉	龙虾二吃 神仙老鸭 蜜汁元蹄 百年好合	葱姜炒蟹 生炒甲鱼 清蒸黄鱼 清汤鱼圆	猪油糯米八宝饭 清蒸蛋糕 水果拼盘
席二	喜鹊登梅（带八围碟） 如意蛋卷 红油肚片 杭州卤鸭 宁波摇蛤	鸭包蛋黄 蜜汁红枣 天目笋干 酸辣泡菜	雀巢海鲜 白灼海螺	尖椒牛柳 脆炸银鱼	百鸟朝凤 香酥老鸭 蜜汁大方 干菜焖肉 什锦饭汤	清蒸甲鱼 笋干老鸭 上汤鱼圆 葱油鲈鱼	小笼汤包 南瓜煎饼 什锦炒饭 水果拼盘
席三	龙凤呈祥（带八围碟） 蜜汁酥鱼 香菜干丝 白切羊肉 新凤鳗干	盐水大虾 宁波醉蟹 果味黄瓜 糟鸡	宁氏鳝丝 泡菜牛尾 酸菜墨鱼丝	腐皮黄鱼	白灼基围虾 蟹炒年糕 清蒸大闸蟹 菜胆扒东坡肉 蟹黄鱼肚羹	椒香富贵虾 炸双脆 荷香河鳗	春卷 糯米八宝饭 时果一品

上海婚宴菜单

冷　菜	热　菜		大　菜		点心、甜菜
孔雀开屏（带八围碟）	樱橘虾仁 小煎鸡米 菊花饨拼吐司	滑炒双冬 三丝鱼卷 酿鸭掌	鲍汁辽参 挂炉烤鸭 满星素烩 云腿竹笋汤	清蒸深石斑 豉汁扇贝	水仙酥 花生奶酪 蜜汁莲心

鄂式婚宴菜单

冷　菜		热　菜		大　件（点心）		水　果	
彩蝶恋花（带四冷盘） 如意蛋卷 五香彩肚	红爆油虾 桂花炙骨	番茄鱼球 脆爆肚尖	凤尾腰花 菊花里脊	海参鱼圆 金针银线 金丝酥撒 琵琶鸭子 梅花包子 湘绣鳜鱼	贵妃全鸡 四喜烧梅 双色蛋饺 奶油红枣 冰糖喜饼 鸳鸯炖盒	蜜橘 花生	苹果 瓜子

粤式婚宴菜单

大红火肉 清蒸鲩鱼	海誓山盟 百年好合	菜脯土鱿 韭黄拌面	鸳鸯比翼	蚝皇草菇	花生添丁	上汤浸鸡

"龙凤呈祥"婚宴菜单

冷　菜	四　热　炒	大　菜	点　心	甜　菜	下饭菜 （四小碟）
龙凤呈祥（带八小碟） 水晶肴肉 盐水白鸡 红油腰花 蒜泥凤爪 白卤牛肉 油焖冬笋 挂霜杏仁 如意蛋卷	鸡片鱼卷 蒜扒虾腰 油爆双脆 金银吐司	吉祥鲍鱼 八宝金鸡（带饼） 掌上明珠（带点） 海参鸡腿 雪花蟹斗 鸳鸯鳜鱼 鸡油四宝 喜气炖盒	鸡蓉春卷 五叶烧卖 富贵酥盒 水果蛋糕	橘瓣八宝银耳	虾米莴笋 腊肉菜薹 芹梗炒蛋 榨菜肉丝

"凤凰迎春"婚宴菜单

冷　菜	四　热　炒	大　菜	点心、甜菜
凤凰迎春（总盘） 红皮鸭子　　紫酥香肉 五仁花肚　　酱卤口条	油爆鲜贝　　生爆脊丝 凤尾对虾　　软炸香椿	凤凰鲍鱼　　清果圆子 红扒全鸭　　松鼠鳜鱼 佘鱼圆汤	豆沙品包　　清炖水果银耳 水果一品

春季婚宴菜单

冷　菜	四　热　炒	八　大　菜	二　点　心
鸾凤和鸣（带六围碟） 红油肚丝　　蒜泥白肉 如意油虾　　五香口条 广米香芹　　烟熏鱼块	春笋鸡丝　　鱼香腰花 称心虾饼　　干煸牛肉丝	鸽粥干贝　　油淋鸡翅 虾米蹄筋　　拔丝香蕉 珍珠米圆　　口蘑菜心 鸳鸯大鳜鱼　鸡虾双珠汤	喜沙大包　　锅贴鲜饺

夏季婚宴菜单

冷　菜	四　热　炒	八　大　菜	水果、点心
鸳鸯戏水（带六围碟） 红皮烤鸭　　红油大虾 烟熏鱼条　　麻辣鸭舌 姜汁豆角　　冬笋腐竹	翡翠鲜贝　　鱼香腰花 相思鱼卷　　恩爱吐司	孔雀鲍鱼　　比翼双飞 菠菜肝膏汤　雪里藏蛟 西米闹莲　　干烧鲍鱼 口蘑菜心　　八宝鸡羹	芝麻凉卷　　蝴蝶虾糕 水果拼盘

秋季婚宴菜单

冷　菜	四　热　炒	八　大　菜	水果、点心
蝴蝶戏花（带六围碟） 蜜汁叉烧　　烟熏扎蹄 五香口条　　蒜泥芸豆 蜜汁菠萝　　珍珠龙眼	爆炒鱿鱼　　四喜虾饼 焦熘里脊　　茄汁兔片	百花燕菜　　交叉乳猪 美人白菜　　炒芙蓉蟹 早生贵子　　怀胎鳜鱼 奶汤鸡脯　　烧菊花牛鞭	百合酥　　　生煎三鲜包 水果拼盘

冬季婚宴菜单

冷　菜		四　热　炒		八　大　菜		水果、点心	
比翼双飞（带六围碟）		称意鱼饼	鸳鸯虾仁	葱扒辽参	香酥八宝鸡	橘颂甜饼	四喜汤包
盐水鱿鱼	五香卤鸭	恩爱吐司	蒜爆墨鱼	清汤花酿冬菇	红扒全蹄	水果拼盘	
烟熏香肚	金钩香芹			金丝蜜枣羹	如意四宝		
芥末蹄筋	蜜汁龙眼			鸳鸯大鳜鱼	虫草蒸鸭		

淮海地区婚宴菜单

冷　菜	热　菜		汤　两　道		水果、点心	
风味八冷碟	白灼基围虾	年糕焗蟹	蛋花玉米羹	芙蓉鸡片汤	美点双辉	水果拼盘
特色卤水拼	全家福	红烧状元蹄				
	豉汁蒸鳜鱼	冬瓜四灵				
	霸王别姬	笋干老鸭煲				
	辣炒牛肚	宫保鸡丁				
	青笋炒口蘑	西芹炒百合				

闽粤地区婚宴菜单

	凉　菜	热　菜		水果、点心
席一	风味八冷碟 鸿运烧卤拼	双味白丁虾 滑菇炖土鸡 银丝蒸扇贝 海鳗炖猪脚 黑米炊红鲟 什锦炒杂菜	比翼双飞鸽 黄金葱油包 新港双热拼 一品海皇羹 烧汁桂花鱼	广式蒸饺 干炒牛河 时令果盘
席二	特色八味碟	上汤芝士焗龙虾 四宝海皇羹 避风塘炒蟹 双菇扒福肘 碧绿蚝头炒牛柳 瑶柱汁扒时蔬	海参全家福 广东风味吊烧鸡 油泼百花鲈鱼 松子海鲜玉米粒 蟹黄虾仁豆腐 清蒸加吉鱼	美点双辉 海鲜炒饭 精美果盘
席三	精美八色围碟	油泼原壳鲍鱼 淮杞甲鱼炖乌鸡 脆皮鲜奶拼蒜香骨 油泼桂花鱼 金沙蛋黄煸蟹 双菇鲍汁扒时蔬	刺参烧花枝脯 上汤灼青岛对虾 广东风味烧鸭 雀巢螺片牛柳 富贵红烧元蹄 清蒸红加吉鱼	美点双辉 叉烧鸡粒炒饭 精美果盘
席四	百年好合	富贵大龙虾 台湾香蜜鸭 鲜参炖良鸡 雀巢抱龙皇 黑米炊红鲟 清蒸桂花鱼	五彩迎嘉宾 黄金双色包 爽口双热拼 红菇蚝干炖肉排 极品鲍参羹 菜胆扒三菇	叉烧包 蚝汁虾仁鱼丸面 时令果盘

续表

	凉菜	热菜		水果、点心
席五	百年好合	红烧大鲍鱼 五福大拼盘 一品满坛香 吉祥龙凤汤 特色双热拼 清蒸青斑鱼	清蒸大龙虾 八宝红鲟饭 银丝蒸带子 水晶黄螺片 极品海参羹 西芹炒腰果	糯米鸡 杏鲍菇汤面 时令果盘

任务 3　生日宴菜单实例

◎ 任务驱动

1. 生日宴的特点和要求
2. 生日宴菜肴和普通筵席菜肴的最大区别

◎ 知识链接

生日宴主要包括小孩百日宴、老人寿宴和生日聚会，一般老人生日宴统称为寿宴，具有一定的纪念意义。

一、生日宴的特点和要求

生日宴是人们为纪念出生日而举办的宴会。生日宴一般以老年人居多，老年人喜人多、热闹。现在为小孩过生日而举办宴会的也日益增加。

生日宴的特点是菜点形式上突出祝寿之意。如将冷盆制成"松柏常青"或"松鹤延年"图案，按我国传统的习惯，点心配寿桃、寿面。为老年人庆贺生日的宴会菜以松软为主，在菜肴制作上尽量采用烩、扒、炖、焖的烹调方法；如果是小孩生日宴会还应配制一些专门的儿童菜肴；现在人们庆祝生日常常在生日宴会上再配上生日奶油蛋糕，庆祝生日的程序也转变成中西结合的形式，如点蜡烛、吹蜡烛、唱生日歌、切蛋糕等。

二、生日宴菜单实例

北方传统寿面菜单

八　菜						一　面	
焦熘里脊 黄焖鸡块	蒜爆双脆 南煎肉饼	鸡丝拉皮 油焖津菜	炸熘鱼扇 炒木樨肉	三鲜大卤	里脊炸酱	带四色"面码"	

南方传统寿宴菜单

一 彩 碟	八 大 菜		汤 二 品
麻姑献寿	双色虾仁 桃仁花菇 红烩四宝 兰花鳜鱼	佛手鱼卷 滑熘鸡块 香酥填鸭（带仙桃卷） 金沙焗蟹	松鹤清汤（咸） 菠萝银耳（带蜜汁山药）

百岁寿宴菜单

冷 菜	热 菜		点 心
福如东海 寿比南山（用八料拼成山水，蛋松镶字）	八仙过海 佛手鱼卷 五福葵圆 百味全鸡 如意乳鸽	三星猴头 四喜酥鸭 鱼跃龙门 银杏雪耳 龟寿鹤龄	五子寿桃 七彩寿面

鄂式传统寿宴菜单

席一	松柏常青 三鲜瓜盅		全家福禄 龙眼鸽蛋		八宝全鸡 红扒鱿鱼	珍珠绣球 寿字蛋糕	翡翠全鱼 三丝瓜燕		百合银耳	香菇冬笋
	冷 盘				热 菜		大 菜		点心、水果	
席二	双龙抱柱彩拼				茄杯虾仁	鱼蓉藕夹	一品鲍鱼	绣球干贝	慈姑饼	枇杷糕
	玉如意	佛珠串	肴肉		芙蓉鸡片	五彩鸽丁	挂炉填鸭	冰糖燕菜	虾仁酥	玉兔饺
	口条	蜇皮	卤肝		生爆肚尖	抓炒里脊	海参鸡腿	奶油菜心	青红椒	海南蕉
	黄金瓜	鹿头杖	肉松		素滑三丝	焦熘田鸡	什锦火锅		沙田柚	
	白鸡	炙骨	熏鱼						寿桃寿面造型花篮一座	
	糟鹅	琼脂	松花	油虾						

广式寿宴菜单

席一	松鹤延年 五彩鱼线 五柳鳜鱼	熏鱼酱鸡 碧绿珊瑚 仙翁甜露	卤肝火腿 东海遐龄 寿桃一座	口条瓜虾 金银鸽蛋 长寿伊面	香肠腰片 三星片鸡	长生鱼丁 玉液全鸭	麻菇上素 翡翠圆蹄
席二	青松红梅 福如东海	鸡蓉广肚 仙翁甜露	葱油焗鸡 长寿伊面	罗汉大虾 寿桃一座	蚝扒鱼脯	鼎湖上素	焗文庆礼

松鹤延年寿宴菜单

冷 菜	四 热 炒		大 菜		点 心	
松鹤延年（带八围碟） 凤凰鸡丝　菊花彩蛋 白油嫩鸡　桂花炙骨 红皮卤鸭　爆鱼鳗腰 油闷春笋　五香牛肉	蒜爆肚尖 佛手鱼卷	芙蓉鸡片 桂花虾饼	三鲜猴蘑 香酥填鸭（带夹） 拔丝香蕉 笔架鱼肚 谷青松汤	八宝海参 清蒸樊鳊 寿星白菜	寿面 枣泥甜枣	蜜糖寿桃 冰糖湘莲

福如东海寿宴菜单

冷　盘		四　热　炒		大　菜		点心、甜菜	
福如东海（带六围碟）		芙蓉鸡片	葱爆肚尖	八仙海参	网油鸡腿	白桃酥盒	菠萝银耳
盐水白鸡	佛手蛰皮	干炸虾球	软煎鱼饼	桃仁花菇	鸡油四宝	三星素面	水果
蜜汁油虾	金口香肠			佛手鳜鱼	寿星白菜		
可可桃仁	红皮卤鸭			八宝炖鸭			

九九长寿寿宴菜单

冷　菜			热　菜			点心（水果）	
松鹤延年（带八围碟）			蚝油鲍鱼	鼎湖上素	生爆鳝背	什锦寿面	重阳长寿糕
酒醉肚头	无锡脆鳝	天目笋干	脆皮乳鸽	葱油带子	一品全家福	寿字苹果	
槽青鱼干	蜜汁腰果	陈皮兔丝	罗汉大斋	邵什锦	三色鱼圆		
卤水香干	素火腿						

鹿鹤同春寿宴菜单

冷　菜		四　热　炒		大　菜		点　心	甜菜、水果	
鹿鹤同春（带八围碟）		蒜爆肚尖		鼎湖上素	核桃酥鸡	寿桃大包	冰糖燕菜	
素炸藕蟹	鸡丝银针	番茄鱼卷		寿星白菜（带点）		三仙大包	水果一品	
琥珀桃仁	盐焗芦笋	软煎虾饼		蟹黄银鱼羹		羊角奶酥	酥心蜜桃	
如意丝瓜	玛瑙湖莲	青松吐司		麒麟鳜鱼		蟠桃蜜饼		
广米芹菜	红皮鸭子			和合炖盆				

长寿满堂寿宴菜单

冷　盘	大　菜		点　心
长寿满堂大菜花拼盘	三鲜圆子	翡翠鱼圆	福寿花灯（灯笼、南极、佛手、花顶）
	滑熘里脊	如意蛋卷	各色
	茄汁鱼片	芝麻鱼排	
	清蒸鳊鱼	金鱼白菜	
	清炖全鸡		

流行寿宴菜单

	凉　菜	热　菜		汤羹各一道	水果、点心
席一	金陵盐水鸭	白灼基围虾	黑椒炒牛柳	三鲜汤	上素菜包
	精美八味碟	脆皮一口香	鱼肚全家福	海鲜羹	鲜肉蒸饺
		椰汁西米露	溢香母鸡煲		三鲜长寿面
		野菌老鸭煲	冰糖扒圆蹄		时令水果盘
		剁椒白玉糕	美极扒江鲴		
		蒜蓉炒时蔬			

续表

	凉 菜	热 菜		汤羹各一道	水果、点心
席二	风味八冷菜	豆豉蒸扇贝王 白灼基围虾 水煮鳝背 蛋黄炒花蟹 金牌蒜香鸡 白灼芥蓝	清蒸鲟鱼 贵妃蹄髈 铁板牛蛙 糯米蒸仔排 茶树菇炒牛柳	西湖牛肉羹 神仙老鸭汤	长寿面 寿桃 鲜奶蛋糕

西式儿童生日宴

冷 菜 类		热 菜 类		甜 品 类	
金枪鱼意粉沙拉 酿蛋花拼盘	新鲜蔬菜沙拉 面包和黄油	香煎牛柳配蘑菇汁 脆炸鸡柳 中式炸素春卷	培根香肠卷 德式牛肉饼 蔬菜意大利面	新鲜水果盘	儿童生日蛋糕

任务 4　商务宴菜单实例

◎ 任务驱动

1. 商务宴的特点和要求
2. 商务宴菜肴和其他筵席菜肴的最大区别

◎ 知识链接

一、商务宴的特点和要求

商务宴是指个人或企事业单位为举行各种商务谈判或生意往来而举办的宴会，在宴会经营中所占比例较高。商务宴的消费水平以中等偏上为多。商务宴有以下要求：在预订时要了解洽谈双方的特点和爱好，并在设计时布置一些双方共同爱好的东西；表现双方的友谊，使协商、洽谈在良好的环境中进行；在宴会进行过程中，宾主双方往往边谈边吃，服务人员要及时与厨房联系，控制好上菜节奏。

二、商务宴菜单实例

1. 高档商务宴菜单

	冷菜	热菜		水果、点心
席一	霸皇卤水拼（附八围碟）	鲜灼海中虾 玫瑰豉油鸡 翡翠花枝片 蚝皇灵菇扣蹄筋 豆酱炒时蔬	鲜人参炖双鸽 南瓜扣鳖肚 金银烩双卷 清蒸桂花鱼 潮式美点	年年鸿运 水果拼盘
席二	鸿运乳猪全体（附八围碟）	麦香焗海虾 福禄鸳鸯鸡 招牌生抽骨 蚝皇灵菇扣蹄筋 上汤浸时蔬	鲍参瑶柱羹 碧绿炒双脆 海鲜卷拼香酥鸭 清蒸深海斑	粗粮麦包 好运连绵 水果拼盘
席三	鸿运喜当头（附八围碟）	芝士焗龙虾 老黄瓜炖猪蹄 阖府同心拼 桂花炒瑶柱 蚝皇扒时蔬	御品贵妃鸡 金巢鲍贝丁 鹅肝酱爆鲜菇 清蒸深海斑	幸福绵绵 双喜临门 水果拼盘
席四	鸿运当头来（附八围碟）	高汤焗龙虾 一品香妃鸡 粿肉黄金卷 鲍汁一品煲 金菇竹笙扒时蔬	虫草花炖水鸭 京葱爆海参 兰笋炒牛柳 清蒸海皇斑	鸿运连年 大展宏图 水果拼盘

2. 浙江风味商务宴

冷菜		热菜		点心、甜菜
开洋芹菜 薄片云腿 顺风猪耳 盐焗鸡	五香烤麸 掐菜鸡丝 糖水香芋 杭州酱鸭	原盅裙边 武林烤鳝 雪菜鱿鱼丝 金钩蒸双冬 麻菇刀豆	杭州煨鸡 炒合菜 三鲜石榴包 瑶柱冬蓉羹 西湖醋鱼王	酒酿小圆子 家常饼 吴山酥油饼

3. 四川风味商务宴

	冷菜		大菜		点心、水果
席一	糖醋排骨 油酥鸭子	葱油莴笋 怪味鸡蛋	红烧蹄鲍 蟹黄菜头 麻菇烧鸡 烧蹄髈	香酥鸭子（带荷叶卷） 炝锅鱼 银耳橙羹（带提丝发糕） 大豆炖火腿蹄（带三丁烧卖）	担担面 水果拼盘

续表

	冷菜		大菜		酒水、水果
席二	灯影牛肉 珊瑚萝卜	红油口舌 香酥鸭	香酥全鸡 宫保兔花 酿青椒 冰糖银耳（带香酥粉果、豆沙酥角） 鲜熘里脊丝	清蒸肥头 红烧仔蹄筋 奶汁菜头汤（带鸡油方酥）	绍酒 水果拼盘

4. 云南风味商务宴

冷菜			大菜				点心
孔雀开屏	珊瑚鱼线 冬笋虾丝 鸡丝羹		凤凰肉卷 云腿鸽脯 五柳脆皮鱼	干贝绣球 梅花雪耳		葵花鸭 爽口牛丸	花糕白菜

5. 北京风味商务宴

冷菜					热菜（点心）			
盐水白鸡 油爆大虾	红皮鸭子 油焖冬笋	酱卤口条 天津松花	京式红肠 广米包菜		红椒鸡丝 什锦海参 豆沙桃包	生爆肚腰 锅烧全鸭 葱扒全鸡	抓炒鱼片 脆皮全鱼 一品座汤	火腿吐司 冰糖银耳

6. 河南风味商务宴

冷菜			六品大菜		
牛肉芹菜 茭白盐水虾	烧鸡拼叉烧	松花四季梅	烧三样（海参、鲍鱼、蹄筋） 爆双脆 蜜炙寿桃	炸芝麻里脊 鲤鱼焙面	菜心蘑菇

7. 吉林风味商务宴

四凉盘			大菜				
酱肉 切灌肠	拌肉丝白菜 切松花蛋		炸里脊 拔丝白果	扒三白 红焖肘子	滑熘里脊 肉片烧茄子	青椒肉段 氽白肉酸菜汤	红烧黄鱼

8. 湖北风味商务宴

冷菜		热炒		大件（点心）	
青松迎宾（带六围碟） 琥珀桃仁 凉拌鸡丝 油焖冬笋	冰糖蜇皮 松花彩蛋 酥炸红袍	油爆肚尖 清炒虾仁	软熘鱼条 爆炸鸭杂	鲍汁鲍鱼 原笼米圆 应山滑肉 散炖八宝 四喜烧卖	葱油香鸭 板栗鸡块 粉蒸碗鱼 峡口明珠 麻蓉大包

任务 5　中国地方风味筵席菜单实例

◎ 任务驱动

1. 地方风味筵席的特点和要求
2. 地方风味筵席菜肴和其他筵席菜肴的最大区别

◎ 知识链接

一、地方风味筵席的特点和要求

地方风味筵席是根据各地方的饮食风味、当地特产、民族习惯、民俗风情等内容而形成的一类筵席。具有地方性强，不同地方风味筵席当中的菜品、风味差异较大等特点，能够充分体现当地的饮食特色、风土人情，是宴请外地宾客，让宾客了解当地风味不可缺少的一类筵席。

二、中国地方风味筵席菜单实例

1. 江苏风味筵席

	四冷碟		四热炒		五大菜		饭汤饭菜	
席一	白油肥鸡 姑苏熏鱼	油爆大虾 芝麻菠萝	茄汁虾仁 翡翠冬笋	芙蓉鸡片 仙桃吐司	鸡蓉干贝 烤金钱鸡（带金丝卷） 兰花鸽蛋　火夹鳜鱼		母油肥鸭 甜瓜 干丝	糟蛋 肉松
席二	水晶肴蹄 佛手蜇卷	葱烤酥鱼 金钩香芹	烹明虾段 芙蓉鸡片	蒜爆鳝背 翡翠冬笋	三鲜海参 清炖蟹粉狮子头 八珍全鸡（带猪脑卷） 松鼠鳜鱼　烧马鞍桥		砂锅豆腐 萝卜头 五香菜	宝塔菜 脆鳝

2. 四川风味筵席

	四冷拼	四热炒		大菜		主食	
席一	怪味鸡—菠萝 灯影牛肉—泡菜 盐水胗肝—姜汁黄瓜 麻酱腰片—兰花莴笋	鱼香鲜贝 哨子蹄筋	小煎鸡米 红粉虾仁	干烧酥鲍 叉烧酥方 粘枣泥卷 口袋豆腐	樟茶鸭子 八仙燕菜 干煸冬笋 鱼香茄饼	红水萝卜酥	担担面

续表

	六 冷 碟		四 热 炒		大 菜		点心、饭菜	
席二	陈皮牛肉 银芽鸡丝 香油凤肝	椒麻肚丝 姜汁豆角 蒜泥白肉	金银鸡塔 宫保鸡丁	鱼香肉丝 虾仁锅巴	孔雀鲍鱼 虫草鸭子 白汁鱼肚 开水白菜	天麻童鸡 干烧岩鲤 鸡蓉豆花 满星素烩	绿豆糕 榨菜肉丝 跳水仔姜	凉糍粑 碎米鸡丁 酱烧苦瓜

	冷 菜		热 菜		点心（饭菜）			
席三	椒麻桃仁 红油兔丁 宣威火腿 盐水鸭肝	蒜泥黄瓜 五香牛肚 金毛牛肉 红油鲜虾	一品干贝 白雪全鸡 走油蹄髈 海味牛掌	樟茶仔鸽 椒盐鱼条 清蒸白鳝 干贝菜心	鸡汁蛋面 冬菜肉末	白皂橙羹 五香豆卷	姜汁鹦鹉 凉拌青笋	

3. 广东风味筵席

	冷 菜	热 菜				主食、水果、甜品	
席一	美味八凉菜	黄油焗龙虾 百年好合 上汤菠菜 海鲜鱼青丸	白灼基围虾 打边炉 香炸芋黄球	松子炒得利 脆皮鸭 合冬滋补盅		广州炒饭 四时果拼盘	长寿伊府面
席二	卤肚拼扎蹄 叉烧拼牛腩 蜇皮拼松花 火肉拼露笋	片皮乳猪 脆炸鲜奶 鼎湖上素 蚝油芥菜	香滑鲈鱼球 杏圆炖水鱼 东江炸春卷	五彩烩瑶柱 生炊石斑鱼 干煎明虾碌		炒河粉 大良双皮奶	蟹黄灌汤饺

4. 山东风味筵席

	冷 菜	四 热 菜	大 菜			主食、水果	
席一	糟口条 辣白菜 羊肉串 烤羊肉	糖醋鲤鱼 芝麻虾排 油爆双脆 椒油白菜	扒原壳鲍鱼 奶汤海参 九转大肠 糟煎茭白	爆大虾 清蒸加吉鱼 三美豆腐	清氽蛎子 山东蒸丸 烧煨面筋条	福山拉面 煎饼 水果	

	冷 菜	热 菜				主食、水果	
席二	炝虾饼鱼松 银鱼拼海蜇 盐水虾拼芹菜 开洋拼螺片	葱扒海参 银耳菊羹	德州扒鸡 糖醋鲤鱼	酱烧全鸭 清炖肘子	清汤鱼肚	高汤小饺 金丝面 水果	

5. 浙江风味筵席

	冷 菜	四 热 炒	大 菜		点 心	
席一	白鸡拼芹菜 卤鸭拼菠萝 素火腿拼辣白菜 香肠拼萝卜条	龙井虾仁 春笋鲅鱼 干炸响铃 糖醋里脊	杭州煨鸡 东坡焖肉 杭家神仙煲 西湖醋鱼 西湖纯菜汤	蜜汁火方 生爆鳝片 斩鱼圆 宋嫂鱼羹	吴山酥油饼 知味观小笼	

续表

	八味冷碟		热　菜		主　食
席二	宁波摇蚶 醉泥螺 秘制牛肉 酱鸭舌	新风漫卷 宁波大烤 小砵土鸡 三丝脆皮	蕻菜小方烤 蛋黄梭子蟹 冰糖甲鱼 火瞳炖鸡 雪菜冬笋	腐皮包黄鱼 锅烧鳗 宁氏鳝丝 爆炒双脆 咸菜大汤黄鱼	宁波汤圆 鱼肉皮子馄饨

6. 福建风味筵席

冷菜八味碟		热　菜		主　食	
素瓢捆蹄 五香牛腩 沙茶墨鱼 捆蹄	酒泡红枣 白斩沙田鸡 青菜鲍鱼 醉糟鸡	油焖红鲟 太极芋泥 荷包鲍鱼 佛跳墙 八宝冬瓜盅	七星鱼丸 鸡汤氽海蚌 吉利大虾 沙茶焖鸭块 神仙木笔白菜	四方饺 担仔面	炒面线

7. 安徽风味筵席

四冷菜		热　菜			主　食
桂花肚 炸牛肉 椿芽拌鸡丝 酱麻鸭	清炖马蹄鳖 徽州毛豆腐 葡萄鱼	花菇石鸡 腌鲜鳜鱼 寸金肉	无为熏鸭 什锦虾球	问政山笋 鱼咬羊	牛肉煎饺 混汤酒酿元宵

8. 上海风味筵席

冷　菜	热　菜			点　心
彩蝶迎春（随五荤三素八围碟）	水晶虾仁 红袍登殿 腌鲳鱼 瓜姜鱼丝 萝卜丝氽鲫鱼	生煸草头 灌汤虾球 虾子大乌参 八宝鸭	红烧鮰鱼 八宝辣酱 清炒蟹湖 扣三丝	火腿金瓜丝酥饼 南翔小笼包

9. 湖北风味筵席

冷　菜		热　炒		大　菜		点　心
雄鹰展翅 琥珀核桃 银针鸡丝 红皮烤鸭	珊瑚菜心 广米菠萝 挂霜红莲	蒜爆肚尖 软煎虾碌	茄汁鱼卷 龙眼吐司	奶扒瑶柱 花菇鸽蛋 刺身鸡腿 麒麟鲍鱼	核桃酥鸡 煎火腿饼 冰糖燕菜 金盏银凤	锅贴虾饺 羊角奶酥 菊花蛋糕

10. 内蒙古昭君席

昭君宴序	鹤舞琵琶	昭君告别	民族大团结	芳名千古
一组茶食： 奶茶　炒米　奶皮 黄油　白糖　精盐 干果密果： 桃仁　杏仁　梨脯 青梅	主盘：仙鹤舞琵琶（鲜奶豆腐制作） 围盘：蒜香芸豆 奶味果仁　糖醋瓜条 红油菜卷　椒油掐菜 盐水虾球　陈皮牛肉 芝麻羊肉　芥末鸭掌 爆猪肉段	百灵歌玉巢（雀巢鹌鹑） 金牛吻香莲 草原牛奶羹 塞外三宝饭（铁板牛蹄筋、牛鞭） 大口蘑 鸳鸯活鲤鱼 糯米结同心（哈达饼）	五环映驼峰 （滑烹驼峰丝） 北国鱼米乡	鸳鸯鱼肚汤 莜面窝窝 莲子米饭 香蕉 橘子 蜜桃 西瓜

11. 新疆"葡萄宴"

冷　菜		热　菜		点　心	
葡萄宴（总盘） 炸羊排 琉璃葡萄 葡萄雪鸡	葡汁鱼块 雪莲牛肉 马肠冷拼	葡萄羊腿 鸡丁葡萄 丝路明珠	葡萄鱼 鹌鹑葡萄 鸡油双素	葡萄囊 水酒（葡萄原汁、葡萄酒）	抓饭烧卖

12. 陕北八大碗

酥鸡	猪头凉片	麻辣肝花	红烧肘子	烧肉（或炖肉）	清蒸羊肉	回锅肉	羊肉丸
鸡蛋番茄汤	菠菜豆腐汤	软米油糕	白面馍馍				

13. 西安饺子宴

| 油酥寿桃
佛开口
双清脆
螃蟹献黄 | 恭喜发财
干贝
苣蓿
太后火锅 | 明庭香云
海三鲜
相公帽
水果 | 四鲜溢香
鸡米
碧海藏珍 | 白银墨玉
虾球
家常鱿鱼 | 银线葫芦
到口酥
三丁 | 鱼香鳝鱼
银耳汤
佛手 | 花边萝卜
香酥汤
水饺 |

■ 思考题

1. 各种筵席之间的区别有哪些？
2. 根据当地的消费情况、饮食习惯等，开具一份中等档次的地方风味筵席菜单。

参考文献

［1］ 万光玲，贾丽娟. 宴会设计［M］. 沈阳：辽宁科学技术出版社，1996.
［2］ 宋锦曦. 筵席知识［M］. 北京：中国商业出版社，1994.
［3］ 老汤. 菜单设计与制作［M］. 北京：中国宇航出版社，2006.
［4］ 茅建民. 主题宴席设计与制作［M］. 北京：中国轻工业出版社，2012.
［5］ 丁应林. 宴会设计与管理［M］. 北京：中国纺织出版社，2008.
［6］ 陈永清. 筵席知识［M］. 北京：中国轻工业出版社，2010.

中等职业学校烹饪专业教材简介

中等职业学校中餐烹饪专业教材

烹饪专业职业素养与就业指导
双色印刷
朱长征 段晓艳 主编
页　数：124页
定　价：20.00元
ISBN：9787518409815

更多精彩内容

教学资源：

冷菜与冷拼实训教程
彩色印刷
杨宗亮 黄勇 主编
页　数：164页
定　价：43.00元
ISBN：9787518418244

更多精彩内容

中式面点技艺
彩色印刷
任昌娟 主编
页　数：184页
定　价：42.00元
ISBN：9787518430987

更多精彩内容

烹饪原料教程
双色印刷
黄勇 盛金朋 主编
页　数：268页
定　价：43.00元
ISBN：9787518419364

更多精彩内容

教学资源：

面点原料知识（第二版）
双色印刷
钱峰 时蓓 主编
页　数：208页
定　价：36.00元
ISBN：9787518419630

更多精彩内容

教学资源：

烹饪化学（第二版）
双色印刷
俞一夫 主编
页　数：168页
定　价：40.00元
ISBN：9787518434176

更多精彩内容

中等职业学校烹饪专业教材简介

中等职业学校中餐烹饪专业教材

中国饮食文化（第二版）
双色印刷
赵建民　金洪霞　主编
页　数：220页
定　价：36.00元
ISBN：9787518425617

教学资源：
更多精彩内容

烹饪工艺美术（第二版）
彩色印刷
刘雪峰　夏玉林
滕家华　主编
页　数：128页
定　价：36.00元
ISBN：9787518426393

更多精彩内容

餐饮成本核算（第二版）
双色印刷
刘雪峰　滕家华　主编
页　数：208页
定　价：36.00元
ISBN：9787518426386

更多精彩内容

中等职业学校西餐烹饪专业教材

西餐文化与礼仪
彩色印刷
王　芳　主编
页　数：120页
定　价：30.00元
ISBN：9787518409846

更多精彩内容

西餐烹调技术
双色印刷
李顺发　朱长征　主编
页　数：216页
定　价：37.00元
ISBN：9787518411900

更多精彩内容

西餐基础厨房
彩色印刷
王　芳　主编
页　数：176页
定　价：42.00元
ISBN：9787518412808

教学资源：
更多精彩内容